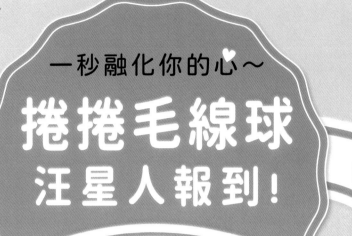

一秒融化你的心～

捲捲毛線球
汪星人報到！

比熊、貴賓、柴犬、法鬥、馬爾濟斯…

PompomGo朋朋狗

黃嘉文　著

CONTENTS 目錄

 CHAPTER 1

必學！技法概念前導

CHAPTER 2

超萌！毛球狗狗實作

捲出讓你不由自主微笑的療癒時光……
動手孕育心目中最萌、最想擁有的毛小孩！

自從家裡增添了一位雪納瑞「妹妹」後，
每天看牠表演著各種不同的超萌表情，心想……
除了照片之外，還有其它方法將牠的每個表情與姿態都記錄下來嗎？

就用毛線球吧！
捲～捲～捲～將毛線捲成一顆顆大大小小、圓滾滾的毛球，
剪～剪～剪～想像成自己也是寵物美容師！
將組合好的毛線球修剪成圓萌呆的汪星人！

在製作毛線球的過程中，真的是超療癒的～
看著一顆顆毛線球像魔術般變成各種可愛表情與姿勢的毛小孩，
心裡早已融化無數次～

製作毛線球狗狗真的不難，相信喜歡汪星人的你，
一定能夠製作出可愛、真實且獨一無二的毛小孩。
也希望透過本書能夠將自己所學到的技巧，轉化成最簡單的方法，
讓喜歡毛小孩的你也能夠輕鬆快樂的上手。
趕快！自己動手來做一隻毛線球狗狗吧！

副社長－納醬

FB 粉絲專頁
【PompomGo 朋朋狗】

A

Bichon

比熊

圓滾滾，外表像棉花糖般可愛的白色比熊犬，可省略耳朵的製作，是毛線球狗狗的入門犬種。

How to Make > P.74

改變表情和姿勢，讓你的比熊睡個慵懶午覺吧～

B

Poodle

貴賓

長得就像玩偶一樣，捲捲毛絨的可愛貴賓，除了經典的紅棕色之外，也能換成奶茶色或黑色等。只要再利用補毛技巧，就能做出花貴賓的毛色效果～

How to Make > P.82

C
Maltese

馬爾濟斯

馬爾濟斯是最受歡迎的長毛小型犬之一,可透過植毛技巧來展現臉部毛流。

How to Make > P.88

D

West Highland White Terrier

西高地白梗

西高地白梗有著俏皮的立耳,以毛線球搭配植
毛技法,擬真度可列入本書前三名唷!

How to Make > **P.96**

E

Labrador Retriever

拉不拉多

拉不拉多有著頑皮活潑的性格，外表帶點微憨氣息，大大的垂耳和長型臉是製作的重點～

How to Make > P.106

法國鬥牛犬

因為外型總讓人誤會有點兇的鬥牛犬，
加上可愛的吐舌造型，是不是變得親切
多了呢～

How to Make > P.114

把眼睛換成卡通眼、加強皺紋線條，表情感覺馬上不同了。

G

Corgi

柯基

柯基的體型低矮但骨骼強壯，原本是被培育來做為放牧牛羊的小幫手，因此尾巴會在出生時刻意被截短。

How to Make > P.121

H

Shiba Inu

柴犬

柴犬的長相和秋田犬相似，兩者都是代表性的日本犬。最明顯的差異在體型大小，柴犬比較小、耳朵和嘴比秋田尖。

How to Make > P.130

I

Shih Tzu

西施

西施臉型屬於扁臉，鼻子也較短，修剪時可注意此特徵，也可以透過植毛的長短來修剪或綁出喜歡的造型～

How to Make > P.138

J

Dachshund

臘腸犬

臘腸的身體很長、腿短，製作身體時要
注意毛線球比例，也可以透過植毛技法
做出長毛臘腸犬！

How to Make > P.146

K

Old English Sheepdog

古代牧羊犬

古代牧羊犬的體型健壯，全身鋪滿長毛～在台灣要照顧他們非常費心，那麼不妨自己做一隻毛線球古代牧羊犬吧！

How to Make > **P.155**

雪納瑞

雪納瑞有很多造型變化，可藉由補毛或植毛技法，並利用不同製球器大小與毛色變化來做出喜愛的寵物造型～

How to Make > P.162

CHAPTER 1

必學！技法概念前導

在開始動手作出心目中最想擁有毛線球狗狗之前，
請先認識書中使用的工具＆素材，
了解工具用途、素材選擇的差異性。

我們也將重要的概念與技法統整於此篇章，
從如何使用製球器
→毛線球組合→狗狗頭部製作重點→耳朵製作→表情變化，
透過「植毛」技法讓長毛犬種的呈現能更擬真，
以及偷吃步的補毛技法傳授。
以製作流程先後順序，搭配詳細步驟條列解說，
引導您完成可愛的犬種頭部。

緊接著開始製作身體骨架→姿勢變化→頭部／身體／尾巴的組合，
只要詳細閱讀此章節，就能迅速掌握全方位毛線球狗狗製作囉！

Let's Go ！

本書使用素材

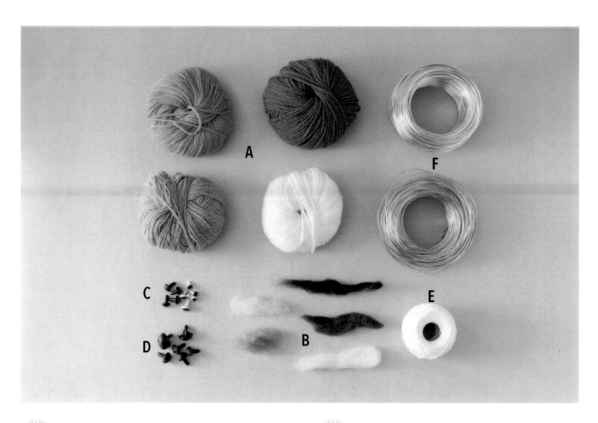

A 毛線

購買毛線時，請參考毛線標籤條上的成分和建議針號。毛線的粗細可見棒針＆鉤針建議針號，數字越大代表毛線越粗，本書所使用的毛線主要有兩種粗細：細毛線適用 6~8 號棒針；粗毛線適用 10~12 號棒針。

◇ 書中使用毛線為純羊毛或者羊毛混合壓克力纖維，需選擇含毛量較高的毛線，質感比較接近狗狗毛絨感之外，氈化效果比較好。

B 羊毛（條）

用於羊毛氈的羊毛，在書中運用於戳刺狗狗的耳朵內側毛色、描嘴型＆眼線、戳製舌頭。

◇ 羊毛氈專用羊毛有長纖維和短纖維的分別，本書使用長纖維羊毛。
◇ 以寵物針梳刷下來的毛線絨毛不要丟棄，也可保留當作羊毛使用。

C 眼睛零件

眼睛有不同的顏色、大小,可根據自己喜歡的五官比例、表情效果選擇搭配。本書主要使用「黑豆豆眼」;如果想表現可愛逗趣、呆萌、疑惑的眼神,可以換「卡通眼」;或以不同顏色的「水晶彩色眼」來搭配適合的犬種。

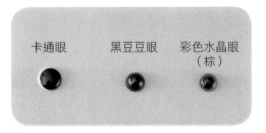

D 鼻子零件

鼻子零件有不同的顏色、大小,可根據自己喜歡的五官比例、表情效果選擇搭配。

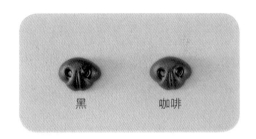

E 綁線

綁線最主要用來綁毛線球或組合毛線球,建議選擇「韌度」比較強的線,如棉線、東京線或皮革用縫線。

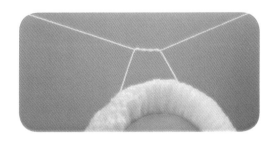

F 鋁線

鋁線在書中主要用來作為身體和腳的支架,鋁線的柔軟度較好,容易彎折成想要的形狀,書中使用的鋁線尺寸以 2.5 mm 為主,也可用鐵線或鋼絲來取代。

◊ 若想讓腳部有更有彎折空間,可更換為 2.0 mm 鋁線,但身體鋁線建議維持 2.5 mm。

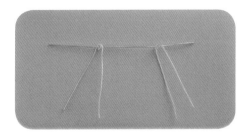

本書使用工具

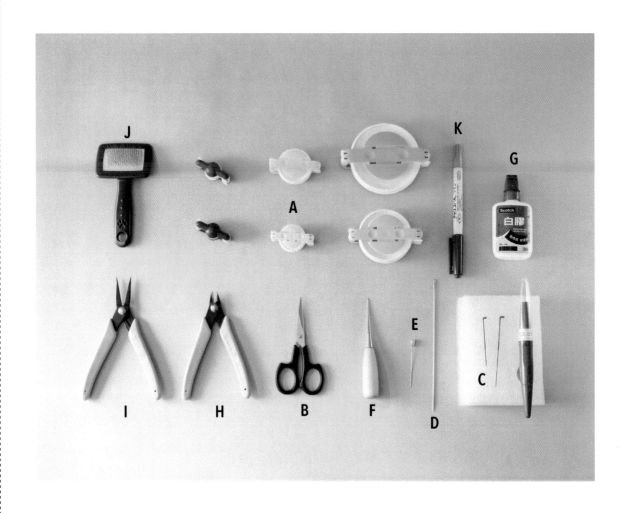

Ⓐ 毛線製球器

製球器是製作毛線球的首要工具，本書使用六種尺寸：20
mm、25 mm、35 mm、45 mm、65 mm、85 mm，標示代表完成
毛線球的直徑大小。製球器有不同構造和用料差異，使用
手感有明顯落差，建議選擇品質較好的商品。

◇ 書中示範使用的是日本 Clover 可樂牌製球器，除上述尺寸外還有
　 55 mm、115 mm可選購。

B　剪線剪刀

把自己想像成寵物美容師！靠剪刀把毛線球「修剪」成可愛的狗狗造型。選擇一把利的剪刀，尺寸不要太大，方便修剪細微部分。剪毛線球的剪刀儘量不要拿來剪其他物品，可保持剪刀銳利度。如果在剪毛線球時「卡卡的」或會夾毛，表示剪刀不「利」了，得將刀鋒磨利或換把新的。

＊本書使用小型線剪，銳利度較佳。

C　針氈工具

①羊毛氈戳針

戳針有粗針、細針，粗針用於初步氈化，細針用於細修。如狗狗的鼻嘴部會先用粗針塑型；比較細微需要調整的部分，如眼睛周圍的眼線或嘴部的描線，則用細針戳刺。另有裝入 3 針或 5 針的筆型戳針，戳刺範圍大亦能減少戳刺時間，適合用來製作片狀、大面積的耳朵。

②針氈工作墊

戳刺狗狗耳朵、舌頭或尾巴時，須以發泡墊或高密度泡棉作為緩衝，避免戳針戳刺桌面，造成戳針斷裂。工作墊是「消耗品」，用久會有局部凹陷，此時可考慮更換。

D　布偶縫針

亦稱娃娃用針，是針對方便縫製布偶設計的長針。本書在組合毛線球狗狗的頭部、身體四肢及或尾巴時使用，也用於穿線補強身體骨架毛線球密合度。

E　珠針

珠針主要作為定位使用，書中用於標示如頭部居中、左右對稱及穿線位置等。

F 錐子

錐子建議選用前端細、後端粗的短錐。眼睛和鼻子後端為柱狀，組裝時，先用錐子在預計安裝位置戳轉「順」一個洞，有助安裝與黏著。

G 白膠

毛線和毛線間有縫隙，因此在黏著毛線球狗狗的眼睛或鼻子時，建議使用「膏狀」白膠效果較好。

H 斜口鉗

斜口鉗主要用來裁剪鋁線和修剪眼睛、鼻子柱體長短時使用。

I 尖嘴鉗

在製作身體或四肢時，為了支撐性及彎折效果，會使用鋁線來做支架，此時尖嘴鉗就是一個很好的輔助工具，建議可選擇比較輕細的尖嘴鉗會比較好操作喔！

J 寵物用針梳／梳毛刷

家裡的毛小孩有常常「梳毛」來保持毛髮的蓬鬆感嗎？沒錯，在製作毛線球狗狗時，我們也會使用針梳來刷狗狗的「毛」！以針梳將毛線「梳開」，會讓毛線有膨鬆感，在製作耳朵或長毛犬的長毛時，有很棒的效果喔！

K 消失筆（氣消／水消）

消失筆常用於縫紉或刺繡，標註記號用，氣消筆會慢慢消失，水消筆噴水可消除。修剪狗狗輪廓、嘴巴描線或植毛時，若擔心左右臉無法對襯，可利用水消筆來畫線作標記，完成後噴水消除記號線即可。

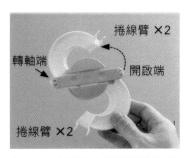

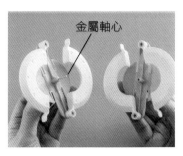

製球器分為上半部和下半部,由兩個半圓組成。

上、下半部各以兩根捲線臂組成,臂上刻度可作為捲毛線時平均分佈的參考,捲線臂可往上掀開。

製球器中間有一根金屬軸心作為固定,抓住製球器兩側圓形往外拉開,就能打開。

製球器尺寸

本書狗狗頭部捲線圖統一以 85mm 製球器規劃製作;65mm 多用於身體;45mm 多用於脖子;35mm、25mm 及 20mm 多用於四肢。

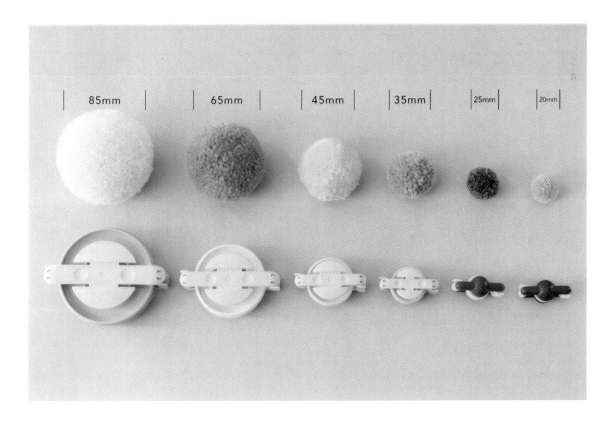

看懂捲線圖

 捲線圖－頭部

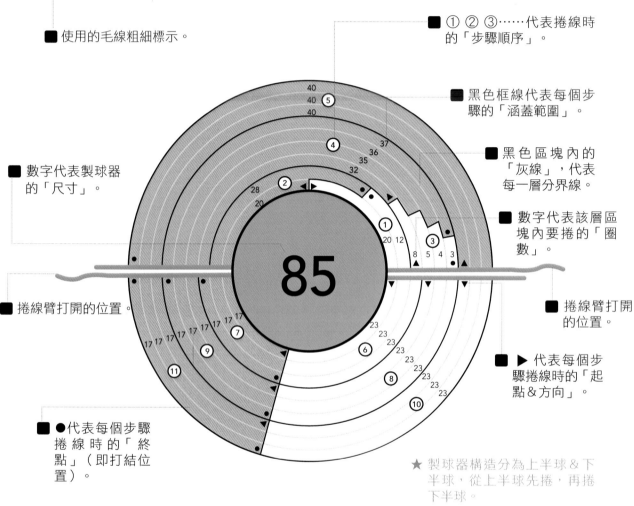

■ 使用的毛線粗細標示。

■ 數字代表製球器的「尺寸」。

■ 捲線臂打開的位置。

■ ●代表每個步驟捲線時的「終點」（即打結位置）。

◇ 以步驟④為例：
共有 4 層，依箭頭方向開始捲繞，從第一層到第四層依序捲 32／35／36／37 圈，然後在黑點 ● 位置打結。

■ ① ② ③……代表捲線時的「步驟順序」。

■ 黑色框線代表每個步驟的「涵蓋範圍」。

■ 黑色區塊內的「灰線」，代表每一層分界線。

■ 數字代表該層區塊內要捲的「圈數」。

■ 捲線臂打開的位置。

■ ▶ 代表每個步驟捲線時的「起點&方向」。

★ 製球器構造分為上半球&下半球，從上半球先捲，再捲下半球。

POINT!

捲線圖的含意

● 捲線圖的每一個同心圓代表「一層」。

● 「毛線粗細」會影響到捲的圈數，所以沒有絕對的標準數值，讀者可依照書中建議的毛線粗細來捲繞，若使用不同粗細的毛線，只要學會如何計算圈數即可。

● 捲繞毛線球時，可以想像成俄羅斯方塊，底部層數要疊好，再往上堆疊才會穩妥，在製作混色毛線球時，此概念尤其重要！

捲線的注意事項

毛線要繃緊

在捲線時，一定要有一點「緊度」，不宜過度鬆軟，因為捲線鬆軟的話，在毛線球剪開時，會發現毛線球的每一條毛線會參差不齊的線段（比較不圓），這樣不僅要花較多的時間將毛線球修「圓」，也會比較浪費毛線。

捲繞要整齊

毛線用同心圓整齊、平均的排列在製球器上。如果一直往右或往左歪斜，捲出來的毛線球會比較不工整。

圈數計算

內徑

毛線粗細和材質都會影響製球器一層可捲的圈數，如果不是使用與書中相同粗細的毛線，可將毛線以製球器「內徑」可捲進的圈數為準，以平均的扇形捲繞，排列整齊捲完三層。理論上第一層跟第二、三層圈數不會有太大差異，將三層圈數加總平均，即可得出這組毛線合適的每層圈數。

層數計算

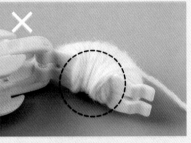

毛線捲繞的層數以不超過捲線臂為準，超出捲線臂容易造成製球器繃開。

POINT! 若因毛線粗細不同，而改變圈數&層數，遇到混色捲線圖時，可等比例換算色塊配置圈數。

粗細差異

毛線的粗細不同，捲出來的毛線球質感也不一樣，細毛線的感覺會比較細緻，讀者可依照個人喜好選用毛線。

粗毛線一層繞的圈數也會比細毛線少，可見圖示。

基礎製球技巧

● 以比熊為例，40圈 × 10層。

作法

▌毛線起點 ▌

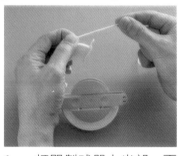  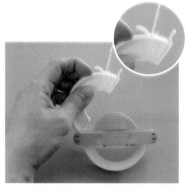

1 打開製球器上半部，兩根捲線臂對齊，用左手食指和拇指捏住線頭，作為暫時的固定，捲線時毛線才不會移動。

2 用右手拉毛線的另一端，以順時鐘方向由最右邊往左邊捲。

3 捲到5～6圈時，毛線會將線頭壓住，這時候就可以鬆開左手食指和拇指。

▌層層堆疊 ▌

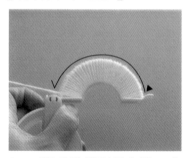  

4 將毛線捲到最右邊，合計40圈，完成「1層」。

5 第二層直接疊在第一層上，反方向由左至右捲40圈，完成第二層。

6 重複上述步驟，完成10層的毛線捲繞。

POINT!

因為每一層為40圈，在20圈時可以確認是不是剛好在一半的位置，再繼續向左捲滿剩下的圈數。

毛線終點

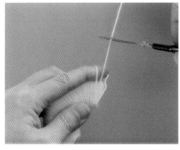

7 用左手食指輔助將「最後一圈」毛線如圖示繞出一個拱形線孔，在約6 cm處將毛線剪斷。

8 將剪斷的毛線從製球器下方繞上來，穿過拱形線孔後拉緊，將捲線臂蓋合。

剪開毛球

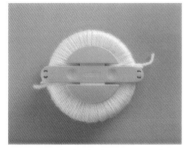

9 重複上述步驟，完成下半球毛線捲繞。

10 將剪刀從轉軸端伸入孔洞。

11 沿中線位置慢慢將毛線剪斷，過程中握緊製球器，否則打開，不然毛線會掉出散開！

12 將上、下半部的毛線剪開後，再次檢查是否確實將所有毛線剪斷，才不會影響接下來的綁線成敗。

POINT!

剪線要注意！

若從捲線臂「開啟端」剪，一不小心就會導致製球器往上掀開，毛線會掉出來。

NG!

綁線固定

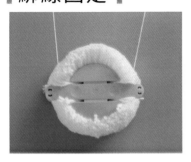

13 將製球器握好，平放於桌面上，將綁線放入製球器中間的溝槽內。

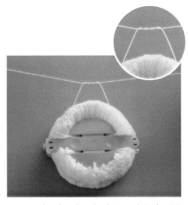

14 在上方先打 1 個多單結，再打 1 個單結。

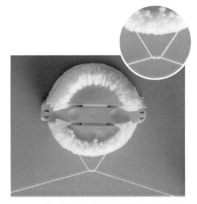

15 將綁線繞到製球器下方，先打 1 個多單結，再打 1 個單結，拉緊固定。

POINT!

製球器要稍微握一下，別讓製球器打開！因為很重要，所以再提醒您一次！

POINT!

單結＆多單結的打法可見右頁詳細圖解。

取出毛球

16 將製球器上半部和下半部捲線臂逐一扳開（1次扳開 1 個）。

17 抓住製球器 2 側圓形的軸心部分，分別往左、右兩側向外扳開。

18 此時毛線球會從製球器中脫離。

修整毛球

19 將毛線球放在手掌中，用雙手輕柔的前、後、左、右滾動，讓毛線球能均勻的蓬鬆。

20 檢察毛線球的上、下、左、右各面是否有特別「突出」的毛線，用剪刀簡單的修剪。

21 讓整個毛線球能盡量呈現出完美的圓形即可。

POINT!

本書使用的打結法

● 單結
Overhand Knot

繞 1 圈

↓

↓

● 多單結
Multiple Overhand Knot

繞 2 ～ 3 圈

↓

↓

◇ 多單結 (亦稱多重單結、連結) 延伸自單結，但增加了繩子纏繞的圈數，結形會變大、繩結也較不易鬆開。

混色製球技巧

● 以柯基為例

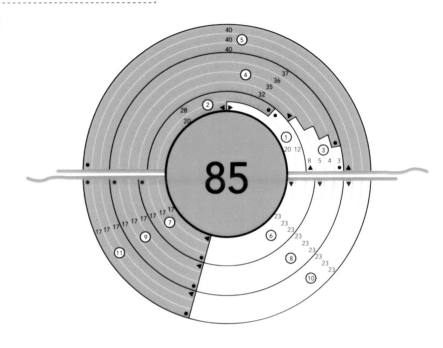

捲線步驟

上半球

①

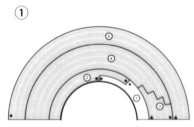

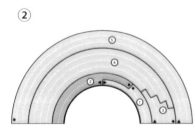

步驟①從製球器中間▶位置開始捲白色毛線，由左往右捲 20 圈。

步驟①第二層從最右端往左捲 12 圈，將毛線剪斷，打結固定。

②

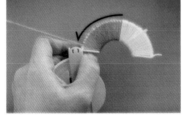

步驟②第一層從製球器中間位置，由右往左捲 20 圈。

步驟②的第二層由左往右捲 28 圈（第 21 圈～第 28 圈會疊在白色毛線上），將毛線剪斷，打結固定。

③
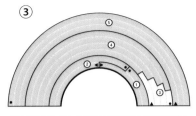

依捲線圖完成步驟③白色毛線捲繞。

④
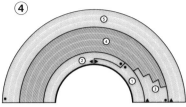

依捲線圖完成步驟④橘黃色毛線捲繞。

⑤
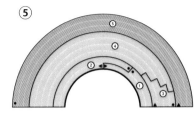

依捲線圖完成步驟⑤橘黃色毛線捲繞,合起捲線臂,完成上半球。

POINT!

開始進行下半球捲線前,請先將捲好的上半球順時針旋轉180度。這個部分非常重要,因為上半球跟下半球的捲線方向、顏色有上下對應關係,千萬不要弄錯方向喔!

下半球

⑥
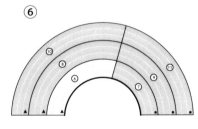

依捲線圖完成步驟⑥白色毛線捲繞。

⑦
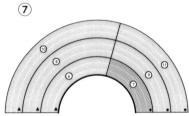

依捲線圖完成步驟⑦橘黃色毛線捲繞。

⑧～⑪
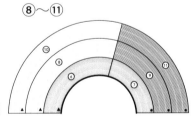

依捲線圖完成步驟⑧～⑪毛線捲繞。

剪開→綁線→取出→修整

完成上、下半球毛線捲繞，依【P.42 －基礎製球裝技巧】取出混色毛球，修整成圓球狀即可。

相對位置

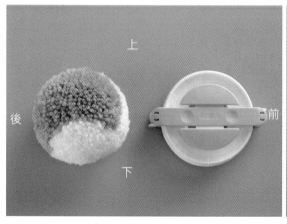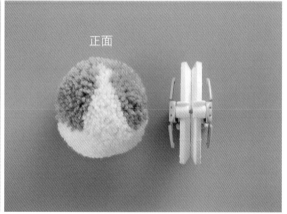

捲線圖配置與製球器的相對位置如圖示。

毛線球組合

在製作鼻子比較長的犬種，例如：臘腸、拉不拉多、柯基……等，可以透過毛線球組合來外接，在頭部前端再接上 1 ～ 2 個小毛線球即可。

作 法

Step 1

捲好頭部＆嘴部毛線球，鼻部毛線球先不整理（因為製球器金屬軸心位置為穿線孔）。

Step 2

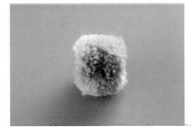

鼻部毛線球正面朝外。

Step 3

布偶縫針穿入綁線，再穿過嘴部毛線球的中心位置（製球器金屬固定柱位置）。

Step 4

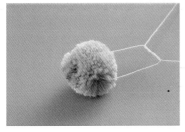

綁 1 個多單結，再打 1 個單結。

Step 5

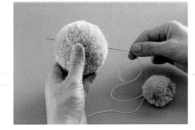

將鼻子毛線球綁線兩端分別穿入頭部毛線球。

Step 6

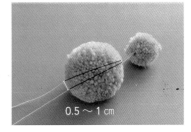

線頭兩端的穿刺位置要有 0.5 ～ 1 ㎝的間隔。

◇ 避免從同一個位置穿刺出來，才能綁得比較牢固。

Step 7

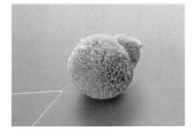

將 2 條線慢慢拉緊，先打 1 個多單結，再打 1 個單結。

Step 8

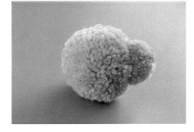

然後將多餘的線頭剪掉。

Step 9

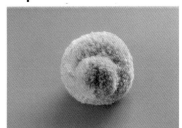

完成毛線球組合。

頭部製作重點

製作毛線球狗狗時，可以先觀察狗狗的臉型、五官特色、
毛流、耳朵造型，一步步完成。

作 法

Step 1 五官比例

依犬種五官比例抓出分線，
橫線以上為眼睛區，橫線以
下為鼻嘴區。

Step 2 安裝眼睛

修剪眼睛區塊，安裝眼睛零
件

Step 3 安裝鼻子

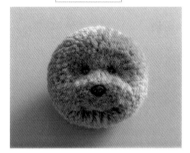

戳緊鼻子和下巴區塊，安裝
鼻子零件。

Step 4 嘴巴製作

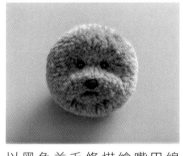

以黑色羊毛條描繪嘴巴線
條，可加上吐舌、咧嘴一笑
等變化。

Step 5 輪廓修剪

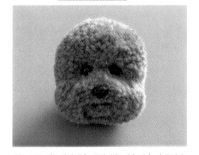

依照犬種臉型修剪臉部輪
廓。

Step 6 耳朵安裝

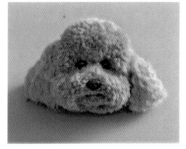

最後將製作好的耳朵固定在
頭部即可。

POINT!

若是鼻子較長，外接小毛
線球的犬種，眼睛位置則
為鼻子安裝處上方。

耳朵製作 × 3

在製作耳朵的時候，我們可以直接利用手上現成的毛線拆開成小股，然後用「寵物針梳」將毛線梳開成羊毛，也可根據狗狗的毛色找顏色相近的羊毛條來取代。

寬扁耳朵

● 適用犬種：拉不拉多、臘腸。

作法

1 將毛線拆開成小股。

2 用寵物針刷輕輕刷開成蓬鬆狀。

3 刷蓬鬆的毛線依紙型大小，以交互層疊的方式鋪在針氈工作墊上。

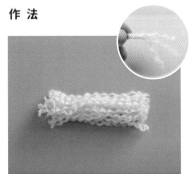

4 用羊毛氈戳針經過正、反面的反覆戳刺，讓羊毛彼此沾黏在成片狀。

5 將羊毛邊緣由外側往內側折回 收邊，用戳針戳刺出耳朵形狀。

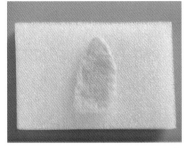

6 尾端部分保留約 1 cm的「鬚片狀」不要剪掉，完成寬扁耳朵。

POINT!

寬扁大耳朵尾端保留「鬚片狀」，是因為這款耳朵多為垂耳，安裝時會將尾端反摺，然後用羊毛氈戳針慢慢戳進頭部。

寵物針梳刷下來的毛絨可取下保留備用，不要丟棄。

雙色立耳

● 適用犬種：西高地白梗、柯基、柴犬、雪納瑞。

作 法

1 參見【P.52－寬扁耳朵】技法，依照紙型先戳出耳朵。

2 在耳朵上鋪一層薄薄的白色羊毛，用戳針輕輕的戳刺，力道不能太重，避免過多的白色羊毛穿刺到耳朵的背面。

3 用剪刀將鋪好的白色「耳內毛」邊緣修剪整齊，面積要比耳朵輪廓稍微小一點。

4 尾端部分保留約 1 cm的「鬚片狀」不要剪掉，完成雙色立耳。

POINT!

耳朵紙型可以先用消失筆描在針氈工作墊上，然後再來塑形。

立耳內側可鋪白色或粉紅色，鋪的面積要比外側稍微小一點，讓外緣展示原本毛色。

蓬鬆垂耳

● 適用犬種：貴賓、馬爾濟斯、西施、雪納瑞。

作 法

1 將毛線拆開成小股。

2 毛線對齊排好。

3 在線段中心位置用綁線打2個單結。

4 將毛線對折。

5 捏住對折端，以寵物針梳輕輕地在表面刷出蓬鬆的質感。

沒刷　　　　有刷

6 沒有寵物針梳也可以，效果差異如圖示：沒刷較捲／有刷較蓬鬆。

POINT!

也可以將不同顏色的毛線綁在一起，可做出混色的蓬鬆耳朵。

▌蓬鬆垂耳

作 法

1 布偶縫針穿入耳朵綁
線，從耳朵安裝位置穿
過頭部。

2 穿出綁線拉緊，打2個
單結固定。重複此步驟
完成另一側耳朵安裝。

3 整理毛流、修剪成想要
的長度即可。

▌寬扁耳朵＆雙色立耳

作 法

 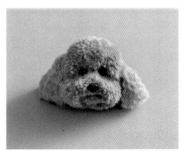

1 製作耳朵前，先將紙型插入頭部，可①確認安裝位
置、②調整欲製作耳朵大小。

2 以羊毛氈戳針將紙型插
入處毛線撥開。

3 耳朵下方稍微反摺，用
羊毛氈戳針戳進頭部裡
面固定。

4 透過戳刺調整耳朵的正
面和背面的方式來固定
耳朵的形狀。

POINT！

寬扁耳朵和雙色立耳的安
裝法是一樣的，差別只在
於寬扁耳朵會以自然下垂
的方式呈現，可以戳針略
為戳刺，調整。

俏皮吐舌

● 技法重點：舌頭戳刺技巧

作法

1 取一小條桃紅色羊毛，用戳針於中線位置稍微戳刺幾下。

2 對摺，尾端用手指戳揉成「蝌蚪尾巴」的形狀。

3 戳刺出扁平的「水滴狀」舌頭輪廓。

4 用剪刀在既有的嘴巴描線中心位置剪一個寬約0.3cm的小缺口。

5 將舌頭的尾端反摺壓入缺口處，再用戳針戳刺進去固定，可依喜好調整舌頭露出長度。

6 取適量黑色羊毛，用手指搓揉成細線（也可取拆成小股的黑色毛線替代）。

7 將黑色羊毛細線繞著舌頭邊緣戳刺、描繪一圈，凸顯嘴型與立體感即完成。

睡眼惺忪

● 技法重點：眼皮效果製作

作法

1 於預定眼睛位置推入未沾白膠的眼睛零件，然後再拿出來，這樣就會出現內凹的眼窩。

2 將毛線拆開成小股，用寵物針梳刷蓬鬆，剪取適當長度用量。

3 用羊毛氈戳針把羊毛戳刺進眼窩位置，把眼窩補起來。

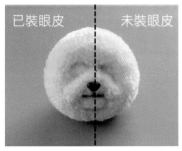

已裝眼皮　　未裝眼皮

4 另一眼重複上述步驟，完成兩側眼窩補毛，製作眼皮效果。

5 取黑色羊毛細線，在眼皮的下方用戳針戳刺出眼線即完成。

POINT!

將睡眼惺忪＋俏皮吐舌，就有笑成瞇瞇眼的效果！你可以透過改變眼睛零件、鼻子大小以及不同的嘴部變化，組合出不同的狗狗表情。

咧嘴一笑

● 技法重點：舌頭與上、下唇片組合

作法

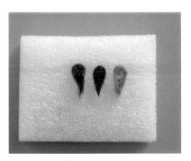

1 參見【P.56 — 俏皮吐舌】步驟 1 ～ 3，戳出 1 片桃紅色舌頭＋2 片黑色唇片。

2 用剪刀在既有的嘴巴描線中心位置剪一個寬 0.8 ～ 1 cm的缺口。

3 塞入 1 片黑色唇片，從下往上戳刺，將唇片與上方毛線球戳刺固定。

4 在上唇片下方塞入舌頭，尾端稍微反摺，用戳針戳刺固定，可適度調整舌頭長度。

5 此階段（上唇＋舌頭）完成狀態如圖示，表情會稍微有點呆萌。

6 將另 1 片黑色唇片塞入舌頭下方位置。

7 從上方往下戳刺，將羊毛片跟下方毛線球戳刺固定「下唇片」。

8 將舌頭稍微往下戳刺幾下。

9 黑色羊毛搓成細線，沿唇型邊緣戳刺、描繪一圈，嘴形更加立體，狗狗笑得更開懷了！

如何凸顯深色犬種的表情？

Q 深色系狗狗的表情不明顯怎麼辦？

01 利用比毛色稍微淺一點的毛線來描眼線與嘴巴，利用色差才能凸顯出線條。

02 眼睛零件換成彩色水晶眼或者有眼白的卡通眼。

03 嘴巴加上舌頭，打破深色系五官不突出的劣勢。

換成卡通眼比較明顯之外，也帶有可愛的呆萌感！

作 法

1 以黑貴賓為例，使用黑豆豆眼時時，看不清五官表情。

2 取灰色毛線拆成小股，用羊毛氈戳針將灰色細線戳入眼睛周圍固定，描繪出眼線輪廓成。

3 在鼻子下方抓出嘴巴位置，以戳針輕輕地將灰色細線戳入固定，描繪出嘴巴輪廓。

4 眼睛是不是比剛剛更有神了呢？嘴巴也比較明顯了！

5 參見【P.56－俏皮吐舌】技法，加上桃紅色的舌頭，有視覺焦點，表情也更靈動囉～

長毛植毛技法 × 2

在製作長毛犬時，為了表現長毛的「垂墜」感，可以使用「植毛」的方式表現。

綁線髮片法

● 要加上單層長毛時，可使用此「綁線髮片法」，髮片的製作方式和「蓬鬆垂耳」一樣。

作法

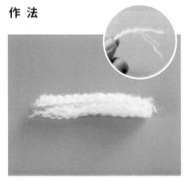

1 毛線剪所需補毛長度的 2 倍長、條數視所需毛量決定，拆開成小股。

2 排列整齊，用綁線在中間打 2 個單結。

3 用寵物針梳將髮片輕輕刷出蓬鬆感。

4 將髮片置於需植毛位置，以縫針穿過毛線球，拉緊後打 2 個單結。

5 將髮片按照髮流的方向平鋪在毛線球的表層，用戳針輕輕的戳刺固定。

6 以馬爾濟斯頭部為例，頭頂植有 3 片髮片。

> **POINT!**
>
> 「綁線髮片法」和「反摺平鋪法」可依照所需「植毛範圍大小」和是否需要「層次堆疊」彈性使用。

60

反摺平鋪法

● 製作「小範圍植毛」或想打造「層次感」的毛髮質感時，可使用此「反摺平鋪法」。

作 法

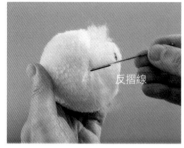

1 將預備反摺的毛線用戳針輕壓中線輔助。

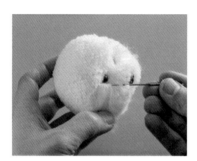

2 往髮流方向反摺。

3 用戳針輕輕的戳刺，固定在毛線球表面。

POINT!

◇ 如果要作出層次的植毛感時，可以用消失筆劃出植毛反摺線記號，「由下往上」操作植毛，上、下層要有部分重疊，看起來會比較自然，最後再以剪刀修剪髮流即可。

1 以消失筆劃出植毛層次線。

2 以「反摺平鋪法」先完成下層植毛。

3 重複上述植毛技法，完成上層植毛即可。

◇ 反摺線即為戳刺固定點，要以「髮流」方向來決定反摺的方向。

而小範圍的毛色變化，除了在製球器捲線時以混色法捲毛線球外，也能在捲好後，以「補毛」方式加上不同毛色。

局部色塊

作法

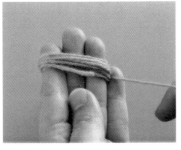

1 以手指或紙板輔助，繞出毛線圈。

◇手指、紙板寬度約為毛線球半徑寬度，圈數則視色塊大小決定。

2 用綁線在中間打 2 個單結，將毛線圈對半剪開。

3 將毛線「毛束」的綁線用布偶縫針穿過要補色塊的位置，拉進毛線球，打 2 個單結固定。

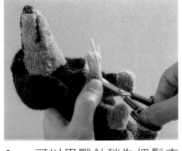

4 可以用戳針稍為把髮束戳入毛線球，整理一下色塊位置後，修剪多餘的毛線。

5 完成局部色塊補毛。

POINT!

如果想作的狗狗毛色只有局部混色，可以用局部色塊來補毛，會比規劃捲線圖來得簡單迅速。舉例來說：狗狗臉部有眉毛色塊或者胸前有小色塊等，都能利用這個技法。

局部長毛

作法

1 將毛線剪出所需補毛長度的 2 倍長、條數視所需毛量決定，拆成小股，用綁線在中間打 2 個單結。

2 用寵物針梳將毛束輕輕刷出蓬鬆感。

3 將「髮束」在補毛位置以縫針穿過毛線球，稍微拉緊後打 2 個單結。

4 用戳針輕輕的將髮束戳刺固定。

5 視所需造型修剪、整理髮束。

6 完成局部補毛。

> **POINT!**
>
> 長毛犬如果想作造型時，可以用這個技法來作局部的長毛流，例如：胸部毛流，或者頭部想綁頭髮等。

身體骨架組合

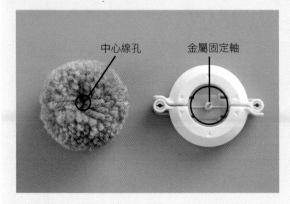

中心線孔　　金屬固定軸

注意！身體四肢毛線球穿孔位置

身體四肢用的毛線球完成後，直接打開不用整理與修剪！圖上所標示的是製球器金屬固定柱的位置，也是毛線球繞好、綁線打結所形成小「線孔」的位置，製作身體四肢時，鋁線要穿刺過這個線孔，毛線球才不會掉。

毛線球與骨架對應位置

組合身體毛線球時，鋁線就像身體的「骨骼」，做出來的作品比較有「支撐」度外，亦可利用其易彎折特性來改變姿勢。

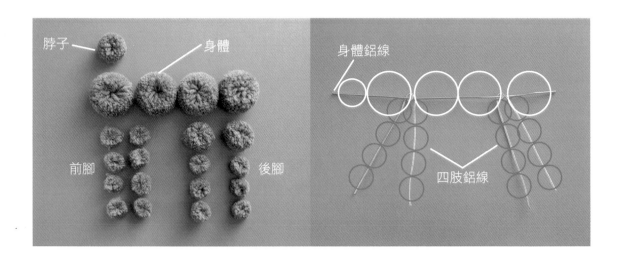

脖子　　身體　　身體鋁線
前腳　　後腳　　四肢鋁線

◊ 製作身體時，無論哪種姿勢，鋁線和毛線球都是以上列對應位置穿刺，前、後都要留一顆身體毛線球擋住四肢鋁線，才會表現出前胸和屁股的身形。

◊ 書建議使用 2.5 mm鋁線為主，軟硬度與支撐度比較適當，唯有想讓四肢較容易調整姿勢時，可以讓前、後腳的鋁線替換成 2.0 mm鋁線。

身體毛球

● 以基礎站姿示範

作法

鋁線前置

1 　四肢鋁線用尖嘴鉗輔助彎折：先對折→兩端往外交叉→再往回彎出圖示小孔洞。

　◊ 孔洞直徑約 0.5 cm。

身體

2 　完成四肢鋁線前置。

3 　依毛線球與骨架對應位置方式，先穿好身體部分的毛線球。

4 　身體鋁線尾端反折成倒鉤狀，才能「勾住」毛線球，避免毛球掉落。

  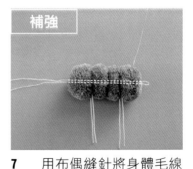

補強

5 　將身體毛線球前端朝上，將毛線球往下壓、推緊。

6 　將鋁線往身體上方折（後續要穿入脖子毛線球）。

7 　用布偶縫針將身體毛線球穿入綁線，如圖示，拉緊後依序打 1 個多單結和單結。

　◊ 綁 線 穿 刺 位 置 要 有 0.5 ～ 1 cm 的 間 隔，避免從同一個位置出來，這樣才綁得牢。

  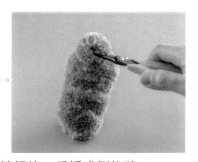

脖子

8 穿入脖子毛線球，往下推緊，預留 0.5 ～ 0.8 cm後剪除多餘鋁線，反折成倒鉤狀。

◇ 剪除鋁線前，毛線球要推緊再留一點長度反折回勾，如果毛線球太鬆或者鋁線太長，就沒辦法把鋁線好好藏住。

 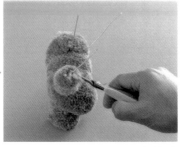 

前腳　　　　　　　　　　　　　　　　　　　　　後腳

9 穿入前腳毛線球，往下推緊，預留 0.5 ～ 0.8 cm後剪除多餘鋁線，反折成倒鉤狀，完成兩側前腳組裝。

10 將後腳鋁線先垂直彎折。

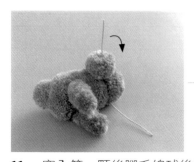  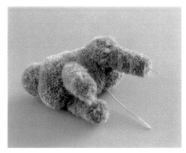

11 穿入第一顆後腳毛線球後推緊，再把鋁線折回來。

◇ 第一顆後腳尺寸會比較大一點，配合鋁線壓折，可作出小雞腿的感覺。

12 穿入其它後腳毛線球，往下推緊，預留 0.5 ～ 0.8 cm後剪除多餘鋁線。

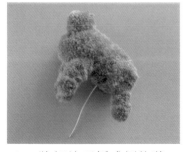 

13 將鋁線反折成倒鉤狀，完成兩側後腳組裝。

14 整理鋁線彎折角度後，以剪刀修剪毛線球即完成。

彎折鋁線改變姿勢

▍基礎姿態 ×3

| 站姿 | 坐姿 | 趴姿 |

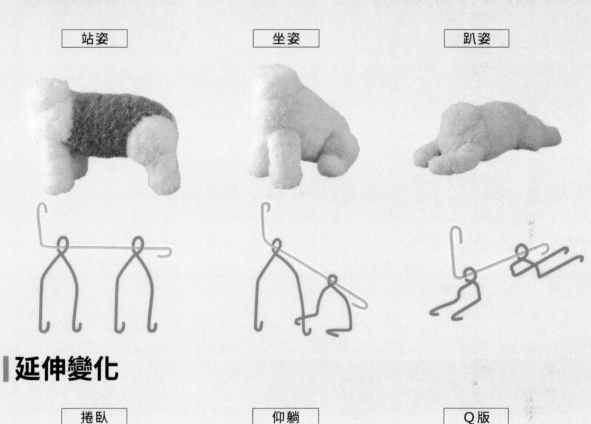

▍延伸變化

| 捲臥 | 仰躺 | Q版 |

◊ 觀察狗狗的不同姿勢，彎折出你想要的可愛姿勢吧！
◊ 若想製作Q版狗狗，只要縮小身體比例即可～

全身組裝技巧

頭部&身體&尾巴

作法

頭部&身體

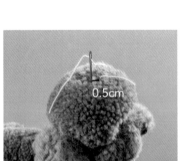

1 用布偶縫針穿過頭部中心位置定位，針孔穿入綁線。

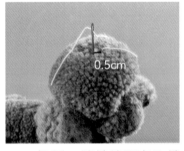

2 將頭部插入身體暫時固定，從不同角度查看，抓出想要的位置。

3 將縫針從腹部底下穿出，拉出線頭。

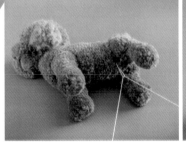

4 把另一端縫線再穿入縫針，在距離第一個穿刺點 0.2～0.5 ㎝處穿入，從腹部穿出。

5 線頭兩端拉緊，依序打 1 個多單結和單結，將多餘線頭剪掉，完成頭部和身體組合。

身體&尾巴

6 尾巴綁線的線頭 2 端同時穿入布偶縫針的針孔，穿過身體尾端預安裝位置。

7 將綁線的線頭兩端慢慢拉緊，依序打 1 個多單結和單結，將多餘線頭剪掉，完成頭部和尾巴組合。

環扣安裝

● 裝好環扣後可搭配喜歡的配件，例如：皮繩、鑰匙圈、證件繩等等。

作 法

1 布偶縫針穿入綁線，從頭部上方中心位置往下，穿過作品底部的毛線球。

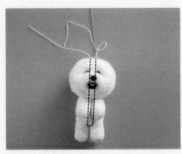

2 將綁線往回穿，距離頭部第一個穿入點 0.5～1 cm。

3 線頭兩端拉緊，先打 1 個單結。

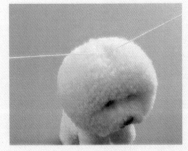

4 在靠近頭頂處打 2 個單結，避免環扣掉入毛線球中。

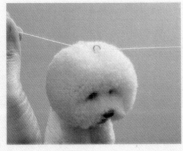

5 穿入環扣，打 2 個單結固定。

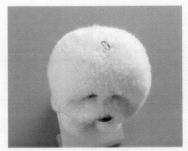

6 多餘線頭剪掉即完成。

立體寵物相框

將狗狗作成半身,放入中空立體相框,
用膠槍黏著固定,空隙處以乾燥花或乾
燥果實裝飾~

將狗狗的製作比例縮小,頭部使用
65mm、45mm、35mm的製球器完成,
大小都很適合作為胸針使用,只要購
買別針五金,以膠槍或保麗龍膠黏貼
即可。

CHAPTER
2

超萌！毛球狗狗實作

本書挑選了 12 款最具熱門、具代表性的犬種來示範，
使用的技法非常多元、詳盡，只要你細心閱讀並練習，
就能運用這些技法，變化出你想要作的毛線球狗狗囉！

Bichon

比 熊

→ P.08

製球器尺寸：85mm

材 料

頭部	白色毛線 ○
眼睛	8mm 黑豆豆眼 × 2 個
鼻子	12mm 黑色 × 1 個
嘴巴線條	黑色羊毛 ●
綁線	50cm × 1 條

捲線圖－頭部

（40 圈 ×10 層）

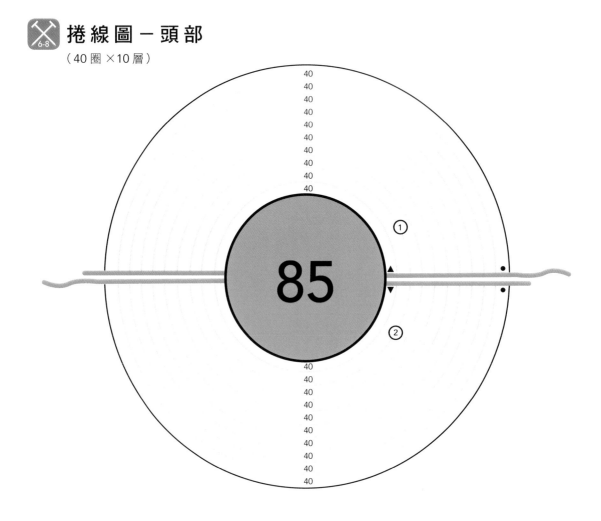

角度示意 |||||||||||||||||||||||||||||||||||||||||||||||||||||||||

正面	45 度	側面	頂部

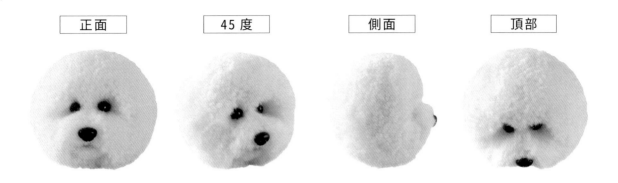

重點	比熊犬的毛色一般是白色，頭部造型就是要圓，所以可省略耳朵的製作，將整顆頭剪成圓嘟嘟的樣子。

作 法

1 眼部

1 頭部毛線球抓出五官比例。

2 以羊毛氈戳針在毛線球分線位置將上、下撥開，分出一直線，此即眼、鼻區分線。

3 可先用戳針輕輕地往下戳刺，稍微讓眼、鼻區分線固定。

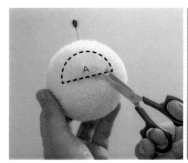

4 用剪刀將分線上方修剪出眼、額區，如圖示 A 區。

5 在分線兩側修剪 B、C 區,粗略修剪出兩側鼻翼的弧線。

2 鼻部

6 將黑豆豆眼插入圖示位置,評估眼睛位置是否無誤。

POINT! 可用錐子先戳出孔洞,有助安裝並避免零件掉出來。

7 眼睛零件沾白膠後插入預設位置,靜置 15 分鐘讓白膠凝固。

8 用戳針從分線上方,依箭頭方向往中心戳刺,讓上層毛線與下層毛線能夠彼此沾黏在一起。

POINT! 戳刺毛線時,注意「毛順」方向要順向且一致,這樣作品才會好看喔。

下巴

9 用戳針於鼻部下方抓一小區往上撥(此位置決定下巴處),並同時往中心戳刺,形成一個小的圓弧。

POINT! 作法 8 ～ 9 要戳出一定的厚度和緊實度,才能順利將鼻子零件插入,且還要有空間「描」嘴巴線條。

10 先用錐子往預設的鼻子位置戳刺,戳出鼻子零件插入位置。

POINT! 鼻子上方的毛線區域要留一些厚度,避免零件後端柱體露出。

11 鼻子零件柱體沾上白膠,插入預設位置,靜置 15 分鐘讓白膠凝固。

POINT! 安裝鼻子時,要用左右扭轉的方式慢慢推入,可預防用力過度導致毛線被壓扁。

12 在鼻子下方抓出嘴巴位置，稍微以剪刀剪平。取黑色羊毛條，搓成細線，再以戳針輕輕地將細線戳入固定。

> **POINT!** 如果覺得嘴巴不夠明顯，可以再補描1～2次。

13 口鼻子區可以再用羊毛氈戳針稍做補強，接著就可以依狗狗的臉型來做細部修剪。

14 用剪刀在描出的嘴巴位置兩端剪出木偶紋。

> **POINT!** 可以在同一個位置剪2~3次，讓嘴巴的線條明顯，有上顎、下顎的區隔，這樣整體看起來會比較立體。

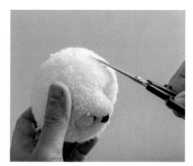

15 修剪眼尾和鼻子周圍的輪廓，臉頰跟鼻子交接的地方，可以再用剪刀重複剪2～3次，將「線條」凸顯出來。

16 將毛線球前後、左右轉動一下，修剪頭部輪廓成圓形。

> **POINT!** 要把握一個原則：儘量用剪刀來修剪臉型，羊毛氈戳針只用在固定或細微的調整。

17 完成比熊頭部！

捲線圖－身體 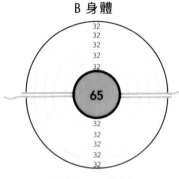 ★依【捲線圖】完成身體毛線球製作。

A 脖子

20
20
20
20
45
20
20
20

（4層）×1個

B 身體

32
32
32
32
32
65
32
32
32
32
32

（5層）×2個

C 身體

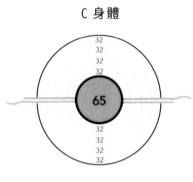

32
32
32
32
65
32
32
32
32

（4層）×1個

D 前腳／後腳

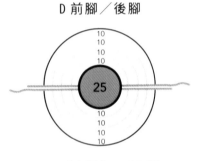

10
10
10
10
25
10
10
10
10

（4層）×10個

E 後腳

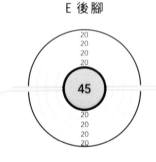

20
20
20
20
45
20
20
20
20

（4層）×2個

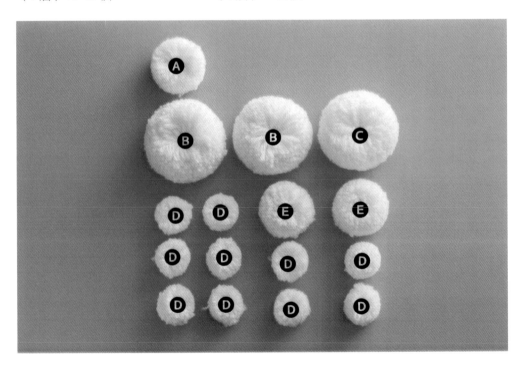

材料

身體	白色毛線 ○
尾巴	白色毛線 20cm × 20 條 ○
綁線	25cm × 8 條（25mm 製球器用）
	30cm × 3 條（45mm 製球器用）
	50cm × 4 條（65mm 製球器 & 尾巴用）
	80cm × 1 條（頭部 & 身體組合用）
鋁線	20cm × 1 條（身體）
	25cm × 2 條（四肢）

★依【P.64 － 身體骨架組合】方式完成身體。

角度示意

45 度

正面

側面

背面

頂部

全身組合 ||||||||||||||||||||||||||||||||||||||||||||||||||||||||||||||||||||||||||||||||||

作法

1 用布偶縫針穿過頭部和身體做暫時固定及位置確認，依【P.68－全身組裝技巧】完成接合。

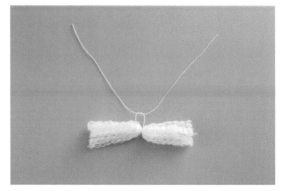

2 將製作尾巴用的毛線一股一股拆開，排列整齊，於中心點用綁線打 2 個單結。

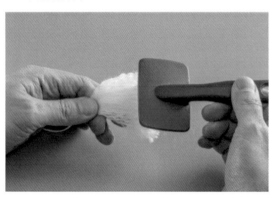

3 毛線對折，用寵物針梳輕輕地在表面梳刷，做出蓬鬆的掃帚型尾巴。

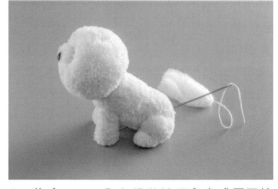

4 依【P.68－全身組裝技巧】完成尾巴接合。

5 用羊毛氈戳針將尾巴接合處從上往下戳幾下，固定尾巴方向。

6 完成坐姿比熊囉！

Poodle

貴賓

→ P.10

製球器尺寸：85mm

材料

頭部	咖啡色毛線 ●
耳朵	咖啡色毛線 ● 12cm × 30 條
眼睛	9mm 黑豆豆眼 × 2 個
鼻子	12mm 黑色 × 1 個
嘴巴	黑色羊毛條 ●
綁線	50cm × 1 條（頭部）
	30cm × 2 條（耳朵）

 捲線圖－頭部

（36 圈 ×8 層）

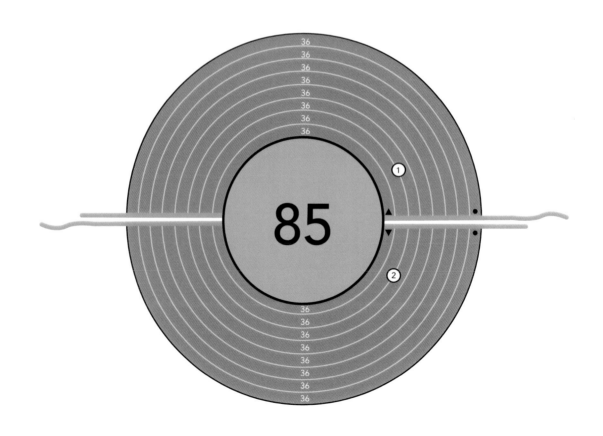

角度示意

正面	45 度	側面	頂部

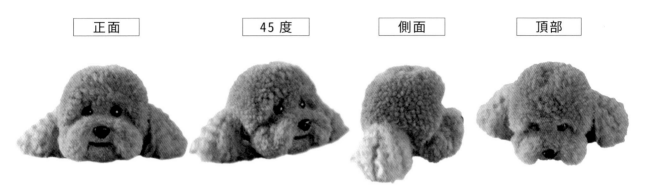

重點	貴賓犬的毛髮比較「捲」，為了表現出像「燙頭髮」的感覺，我們選用了本身比較捲的毛線來製作。耳朵則將毛線拆開，並利用寵物針梳來刷出耳朵的「蓬鬆」度。

作 法

1 眼部

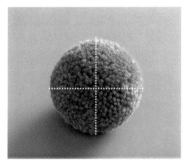

1 頭部毛線球先抓出五官比例。

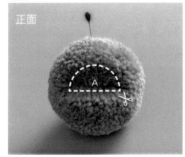

2 上、下撥開橫向分線，修剪分線上方圖示 A 區。

3 在分線兩側修剪 B 區、C 區，先粗略修剪出兩側鼻翼區。

4 眼睛零件柱體端均勻沾上白膠，推入眼睛位置，靜置 15 分鐘讓白膠凝固。

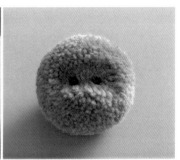

POINT! 當 2 個眼睛都推入後，中間的鼻樑和眼窩就會出現。

2 鼻部

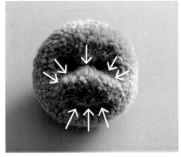

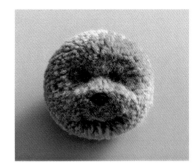

5 用戳針從分線上方，依箭頭方向往中心戳刺，讓外圍毛線與裡面的毛線能夠彼此沾黏在一起，讓嘴部的位置比較「紮實」。

6 用錐子戳出鼻子位置，將鼻子零件柱體沾上白膠後插入，靜置15分鐘讓白膠凝固。

3 嘴巴

4 修剪

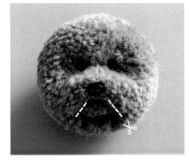
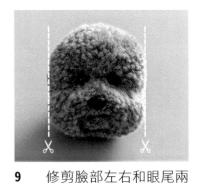

7 在鼻子下方抓出嘴巴位置，稍微以剪刀剪平，取些許黑色羊毛條搓揉成細線，再以戳針輕輕地將細線戳入固定。

8 用剪刀在剛剛描出的嘴巴位置兩端剪出「木偶紋」，讓嘴巴的下顎更立體。

9 修剪臉部左右和眼尾兩側，讓臉型更立體。

POINT! 臉部兩側修剪除符合貴賓臉型外，後續裝上耳朵才不會太膨。

5 耳朵

10 耳朵用毛線均分成2份，依【P.54－蓬鬆垂耳製作】完成耳朵。可利用針梳刷出蓬鬆感。

11 依【P.55－蓬鬆垂耳安裝】固定兩側耳朵。

12 將耳朵修剪出所需長度，完成貴賓頭部！

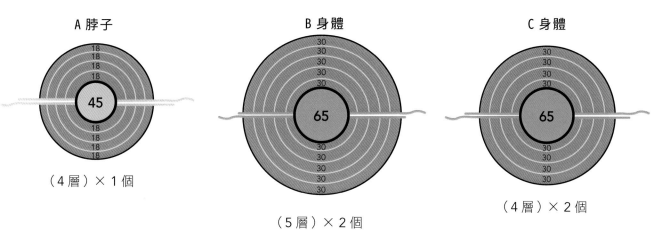

A 脖子

18
18
18
18
45
18
18
18
18

（4層）×1個

B 身體

30
30
30
30
30
65
30
30
30
30
30

（5層）×2個

C 身體

30
30
30
65
30
30
30

（4層）×2個

D 前腳 / 後腳

8
8
8
8
25
8
8
8
8

（4層）×14個

E 後腳

18
18
18
45
18
18
18

（4層）×2個

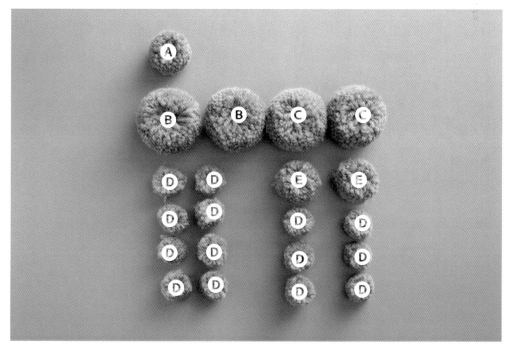

材料

身體	咖啡色毛線 
尾巴	咖啡色毛線 ● 16cm × 10 條
綁線	25cm × 14 條（25mm 製球器用）
	30cm × 3 條（45mm 製球器用）
	50cm × 5 條（65mm 製球器＆尾巴用）
	80cm × 1 條（頭部＆身體組合用）
鋁線	25cm × 1 條（身體）
	30cm × 2 條（四肢）

★依【P.64 －身體骨架組合】方式完成身體。

角 度 示 意

45 度

正面

側面

背面

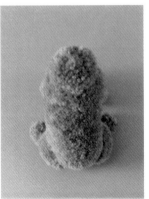

頂部

| 技法重點 | ⇨ 坐姿組合。 |
| | ⇨ 鬱金香球型尾巴製作。 |

全身組合 ||||||||||||||||||||||||||||||||||||||||||||||||||||||||||||||||||||||||||||||||

作法

1 用布偶縫針穿過頭部和身體做暫時的固定及位置確認，依【P.68 —全身組裝技巧】完成接合。

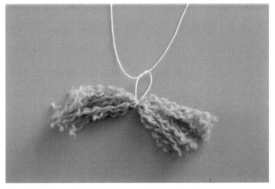

2 將製作尾巴的毛線一股一股拆開，排列整齊後，於中心點用綁線打 2 個單結。

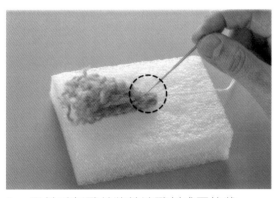

3 用羊毛氈戳針將前端戳刺成圓柱狀。

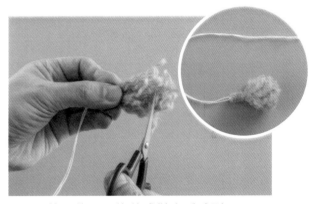

4 用剪刀將尾巴修剪成鬱金香球型。

5 依【P.68 —全身組裝技巧】完成尾巴接合。

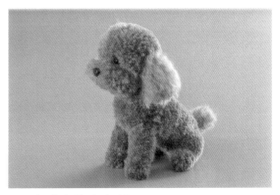

6 完成坐姿貴賓囉！

Maltese

馬爾濟斯

→ P.12

製球器尺寸：85mm

材 料

頭部	白色毛線 ○
耳朵	白色毛線 ○ 18cm × 24 條
植毛	白色毛線 ○ 12cm × 36 條
眼睛	12mm 黑豆豆眼 × 2 個
眼線	黑色羊毛 ●
鼻子	15mm 黑色 × 1 個
嘴巴	黑色羊毛 ●
綁線	50cm × 1 條（頭部）
	30cm × 2 條（耳朵）

★ 植毛用毛線拆成小股，以寵物針梳刷蓬鬆，備用。

 ## 捲 線 圖 − 頭 部

（40 圈 × 8 層）

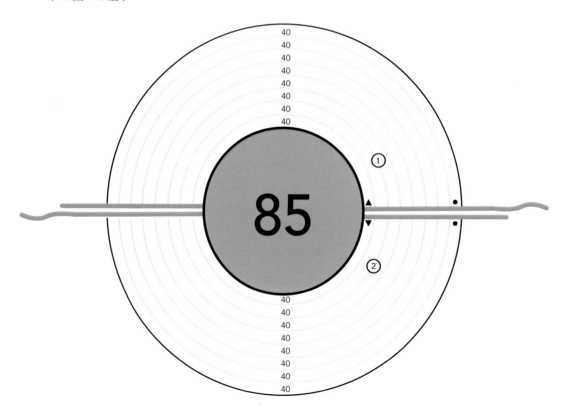

角度示意

正面	45 度	側面	頂部

馬爾濟斯有大又圓的杏眼外，還有長長的毛髮，所以我們要用「植毛」的方式，在頭頂植出長毛來表現毛流。

重點

作 法

1 眼部

1 頭部毛線球先抓出五官比例。

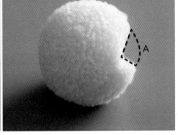

2 上、下撥開橫向分線，修剪分線上方圖示 A 區。

3 將圖示 B、C 區的毛線用剪刀剪掉，形成一個弧形。

4 眼睛零件柱體端均勻沾上白膠，推入眼睛位置，靜置15 分鐘讓白膠凝固。

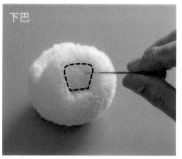

②鼻部

下巴

5 用戳針從分線依箭頭方向往中心戳刺，讓外圍毛線與裡面的毛線能夠彼此沾黏在一起，讓嘴部的位置比較「紮實」。

6 用錐子戳出鼻子位置，將鼻子零件柱體沾上白膠後插入，靜置 15 分鐘讓白膠凝固。

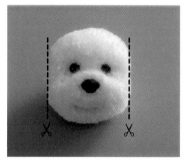

7 修剪臉部兩側輪廓，並修剪眼尾兩側和嘴部輪廓，讓臉型更立體。

③嘴巴

8 在鼻子下方抓出嘴巴位置，稍微以剪刀剪平，取些許黑色羊毛搓揉成細線，再以戳針輕輕地將細線戳入固定。

④耳朵

9 耳朵毛線均分成 2 份，逐一拆開成小股，在中心位置用綁線打 2 個單結，將毛線對折，以寵物針梳刷出蓬鬆感。

10 用布偶縫針穿入耳朵綁線，從耳朵位置穿過頭部後拉緊，打 2 個單結固定。重複此步驟完成另一側耳朵。

11 以羊毛氈戳針略戳耳朵頂端固定垂耳方向，修剪耳朵長度。

⑤修剪

12 用剪刀在嘴巴位置兩端剪出「木偶紋」，並修剪眼尾兩側，讓下顎與臉型更立體。

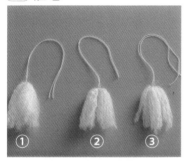

13 將植毛用毛線均分成 3 份，逐一拆開成小股，在中心位置用綁線打 2 個單結，將毛線對折後以寵物針梳刷出蓬鬆感，完成植毛髮片。

14 取植毛髮片①，於頭頂中線處往左側鋪，用戳針輕輕戳刺固定。

15 再取植毛髮片②，於頭頂中線處往右側鋪，用羊毛氈戳針戳刺固定。

16 植毛髮片③置於後腦勺往下鋪，用羊毛氈戳針戳刺固定。

17 取些許黑色羊毛搓揉成細線，沿著眼睛周圍以戳針輕輕將細線戳入。

有描眼線　　沒描眼線

18 植毛髮片依毛流方向整理好，前後、左右檢視修剪毛流，蓬鬆處可用羊毛氈戳針輕戳固定。

19 完成馬爾濟斯頭部！

捲線圖－身體 ★依【捲線圖】完成身體毛線球製作。

A 脖子

20
20
20
20
45
20
20
20

（4層）× 1 個

B 身體

32
32
32
32
32
65
32
32
32
32

（5層）× 2 個

C 身體

32
32
32
32
65
32
32
32
32

（4層）× 1 個

D 前腳

10
10
10
10
25
10
10
10
10

（4層）× 10 個

E 後腳

16
16
16
16
35
16
16
16
16

（4層）× 2 個

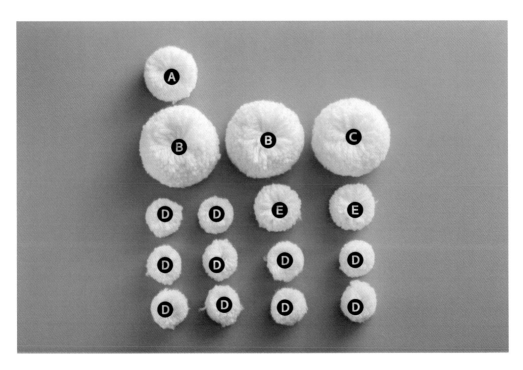

材料

身體	白色毛線 ○
尾巴	白色毛線 ○ 18cm × 16 條
綁線	25cm × 10 條（25mm 製球器用）
	30cm × 3 條（35mm & 45mm 製球器用）
	40cm × 1 條（尾巴用）
	50cm × 3 條（65mm 製球器用）
	80cm × 1 條（頭部＆身體組合用）
鋁線	20cm × 1 條（身體）
	25cm × 2 條（四肢）

★依【P.64 －身體骨架組合】方式完成身體。

角度示意 ||||||||||||||||||||||||||||||||||||||||||||||||||||||||||||

45 度

正面

側面

背面

頂部

全身組合

作法

1 用布偶縫針穿過頭部和身體做暫時的固定及位置確認，依【P.68－全身組裝技巧】完成接合。

2 將製作尾巴的毛線一股一股拆開，排列整齊後，於中心點用綁線打 2 個單結。

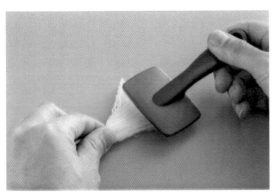

3 對折並握住前端，用寵物針梳輕輕地在表面梳刷，做出蓬鬆的掃帚型尾巴。

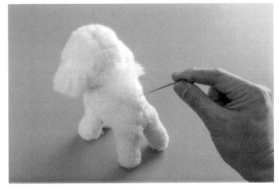

4 依【P.68－全身組裝技巧】完成尾巴接合，將尾巴毛順著先往上，以羊毛氈戳針於接合處戳刺幾下固定。

5 再把尾巴毛往下彎，用羊毛氈戳針在尾巴中後段戳刺幾下，就能有高昂彎垂的效果。

6 完成站姿馬爾濟斯囉！

West Highland White Terrier

西高地白梗

→ P.14

製球器尺寸：85mm

材料

頭部	白色毛線 ○
植毛	白色毛線 ○
	10cm × 16 條（鼻翼）
	12cm × 10 條（鼻樑）
	12cm × 20 條（頭部）
	6cm × 16 條（耳後）
耳朵	白色毛線 ○ 9cm × 30 條
	粉紅色羊毛 ◉
眼睛	10mm 黑豆豆眼 × 2 個
眼線	黑色羊毛 ●
鼻子	15mm 黑色 × 1 個
嘴巴	黑色羊毛 ●
綁線	50cm × 1 條

★植毛用毛線拆成小股，以寵物針梳刷蓬鬆，備用。

捲線圖－頭部

（40 圈 ×9 層）

```
40
40
40
40
40
40
40
40
40
```

① **85** ②

```
40
40
40
40
40
40
40
40
40
```

角度示意

正面	45 度	側面	頂部

重點　　　西高地梗犬有尖尖直立的可愛立耳,頭部、耳後及嘴鼻也會以植毛展現犬種特色。

作 法

1 眼部

1　頭部毛線球先抓出五官比例。

2　在毛線球綁線處定位為頭頂正上方,以羊毛氈戳針在毛線球一半的位置將上、下撥開分線,如圖示修剪 A 區。

3　將圖示 B、C 區的毛線用剪刀剪掉,形成一個弧形。

4　眼睛零件柱體端均勻沾上白膠,推入眼睛位置,靜置 15 分鐘讓白膠凝固。

 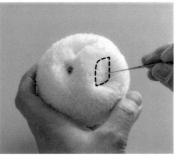 

5 用戳針從分線上方，依箭頭方向往中心戳刺，讓外圍毛線與裡面的毛線能夠彼此沾黏在一起，讓嘴部的位置比較「紮實」。

6 用錐子戳出鼻子位置，將鼻子零件柱體沾上白膠後插入，靜置 15 分鐘讓白膠凝固。

③ 鼻翼植毛

 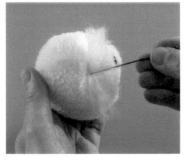 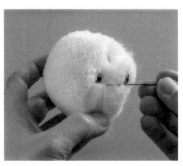

7 修剪臉部兩側輪廓，並修剪眼尾兩側和嘴部輪廓，讓臉型更立體。

8 鼻翼植毛片均分成2份，取1份抓中線位置放在鼻翼左側，用羊毛氈戳針輕壓。

9 以羊毛氈戳針輕壓位置輔助，將鼻翼植毛片往下反摺。

④ 鼻樑植毛

 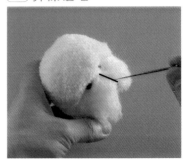

10 用戳針於反摺線戳刺固定。

11 重複步驟 8～10，完成右側鼻翼植毛。

12 鼻樑植毛片置中，平鋪在鼻端上方，以戳針於中線位置戳刺固定。

13 修剪鼻樑與鼻翼的植毛片，剪出想要的造型。

14 完成鼻子區的植毛。

15 頭部植毛片均分成4份，取植毛片①放在頭部左側中下方，用羊毛氈戳針輕壓輔助，將植毛片往下反摺，以戳針戳刺固定。

⑥ 耳朵

16 取植毛片②，抓中線置頭頂中心，往下反摺，以戳針戳刺固定。

POINT! 透過2片植毛片交疊，創造出毛流的層次感。

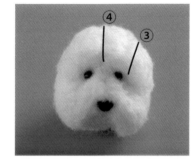

17 重複步驟 15 ～ 16 完成右側頭部植毛③、④。

18 取 P.173 耳朵紙型，依【 P.53 － 雙色立耳製作】完成耳朵戳製。

19 以紙型插入頭部抓出位置，用針撥開毛線。

20 插入立耳，將下方稍微反摺，用戳針戳刺進頭部裡面固定，透過戳刺調整位置與形狀。

21 完成左、右兩耳安裝。

22 耳後植毛片均分成2份，取1份抓中線位置放在耳後下方，用羊毛氈戳針輕壓輔助，將植毛片往上對摺。

23 以戳針戳刺固定，完成如圖右側耳朵。重複上述步驟完成左側耳朵。

24 修剪耳後植毛，讓耳後植毛長度比立耳稍高，正面看得到毛絨感。

8 眼線　　　9 嘴巴

25 取些許黑色羊毛搓揉成細線，沿著眼睛周圍以戳針輕輕將細線戳入。

26 在鼻子下方抓出嘴巴位置，稍微以剪刀剪平，取些許黑色羊毛搓揉成細線，再以戳針輕輕地將細線戳入固定。

27 完成西高地梗犬頭部！

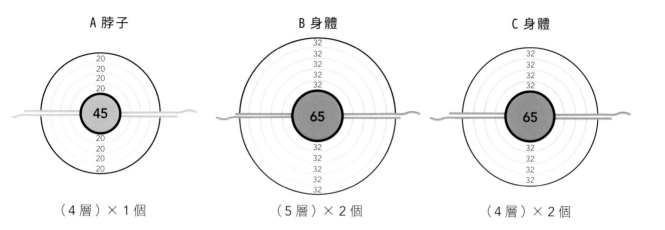

A 脖子
20
20
20
20
45
20
20
20
20
（4層）×1個

B 身體
32
32
32
32
32
65
32
32
32
32
（5層）×2個

C 身體
32
32
32
32
65
32
32
32
32
（4層）×2個

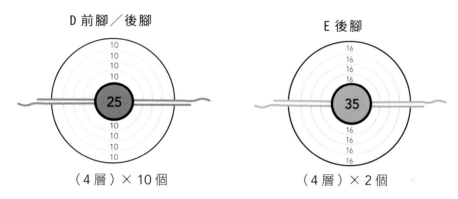

D 前腳／後腳
10
10
10
10
25
10
10
10
10
（4層）×10個

E 後腳
16
16
16
16
35
16
16
16
16
（4層）×2個

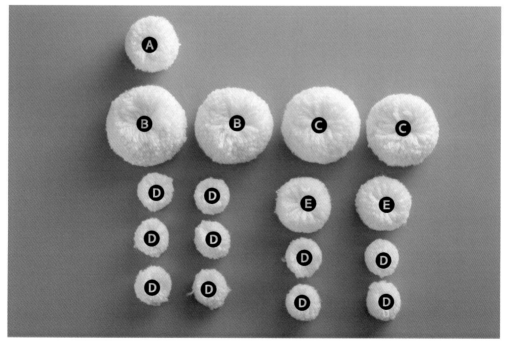

材 料

身體	白色毛線 ○
植毛	12cm × 48 條（四肢）
	12cm × 28 條（側身）
	12cm × 16 條（前胸）
尾巴	白色毛線 ○
綁線	25cm × 10 條（25mm 製球器用）
	30cm × 3 條（35mm& 45mm 製球器用）
	50cm × 5 條（65mm 製球器＆尾巴用）
	80cm × 1 條（頭部＆身體組合用）
鋁線	22cm × 1 條（身體）
	24cm × 2 條（四肢）

★ 植毛用毛線拆成小股，以寵物針梳刷蓬鬆，備用。

★ 依【P.64 －身體骨架組合】方式完成身體。

角 度 示 意

45 度

正面

側面

背面

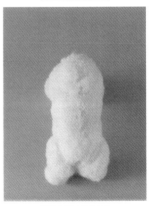

頂部

全身組合

作法

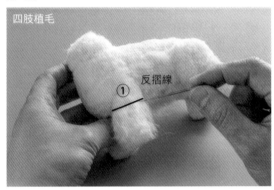

1 四肢植毛片均分成 8 份，取 1 份抓中線位置放在前腳中下方，往下反摺，用羊毛氈戳針戳刺固定。

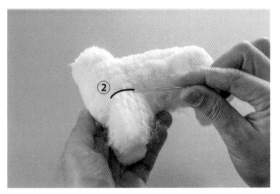

2 再取第 2 份四肢植毛片，抓中線位置放在前腳上方，往下反摺，用羊毛氈戳針戳刺固定。

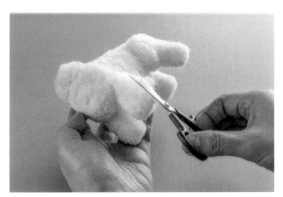

3 修剪過長的植毛片。依序完成剩餘 6 份的四肢植毛。

POINT! 四肢的內側也可以植毛，作品效果會更逼真！

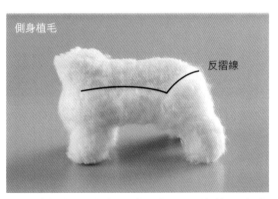

4 側身植毛片均分成 2 份，平均使用在左右兩側，依圖示反摺線做植毛。

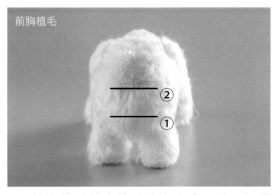

前胸植毛

5 前胸植毛前胸植毛片均分成 2 份，如圖示上、下交疊兩層，技法同步驟 1。

6 完成身體植毛。

7 用布偶縫針穿過頭部和身體做暫時的固定及位置確認，依【P.68 －全身組裝技巧】完成接合。

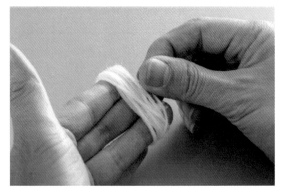

8 尾巴用毛線用三指捲繞 12 圈（也可以剪長 7cm 的紙板當模板）。

9 用綁線穿過，打 2 個單結。

10 以羊毛氈戳針戳刺成圓柱狀。

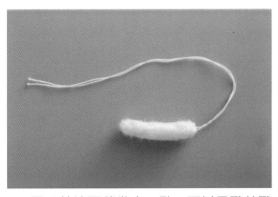

11 尾巴前端要稍微尖一點，可以用戳針戳得緊實些，或稍微修剪多餘毛線。

12 依【P.68 －全身組裝技巧】完成尾巴接合。

13 完成站姿西高地梗犬囉！

Labrador Retriever

拉不拉多

→ P.16

製球器尺寸：85mm

材料

頭部	奶茶色毛線 ◉
鼻部	奶茶色毛線 ◉、深灰色毛線●
	淺灰色毛線 ◉
耳朵	奶茶色毛線 ◉ 16cm × 50 條
眼睛	8mm 彩色水晶眼 × 2 個
眼線	黑色羊毛 ●
鼻子	18mm 黑色 × 1 個
嘴巴	黑色羊毛 ●
舌頭	桃紅色羊毛 ◉
綁線	50cm × 1 條（頭）
	30cm × 1 條（鼻）
	60cm × 1 條（連結頭、鼻）

捲線圖－頭部

10-12

（36 圈 ×8 層）

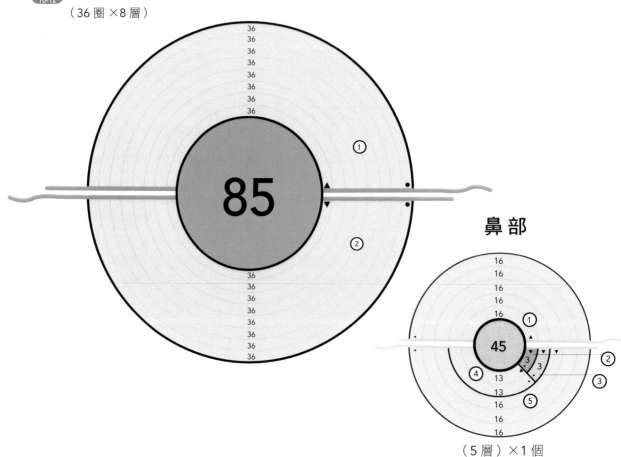

鼻部

（5 層）×1 個

角度示意 |||||||||||||||||||||||||||||||||||||||||||||||||||||||||||||||||||||||||||||

正面	45 度	側面	頂部

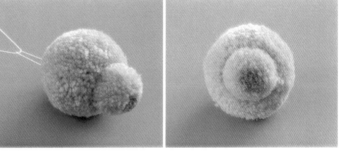

重點　拉不拉多的頭型略方，嘴部長，搭配扁平的大垂耳，眼睛呈杏仁形，還有憨厚的笑臉，是備受歡迎的大型犬種之一。

作 法

① 頭部＆鼻部組合

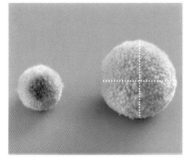
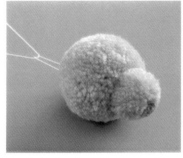

1　依捲線圖完成頭部和嘴部毛線球，修剪成圓球。

2　取 60cm 綁線，依【P.49 —毛線球組合】完成頭部和嘴部組合。

② 鼻子

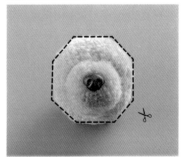

③ 頭部輪廓

3　用錐子戳出鼻子位置，將鼻子零件柱體沾上白膠後插入，靜置 15 分鐘讓白膠凝固。

POINT! 如果鼻子零件的尾端太長，可以先用斜口鉗剪短。

4　修剪頭部最外圍輪廓成「八角型」。

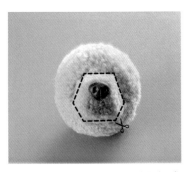

5 再修剪嘴部外圍輪廓成「梯形」。

6 用錐子戳出眼睛位置，將眼睛零件柱體沾上白膠後插入，靜置 15 分鐘讓白膠凝固。

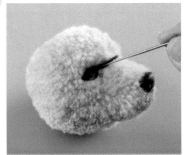

7 取黑色羊毛揉成細線，用羊毛氈戳針戳入眼睛周圍固定，描繪出眼睛輪廓成「杏仁」眼。

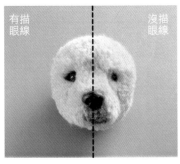

8 左邊是用羊毛描過的眼睛，比右邊未描過的有神許多，眼形也有明顯的差異。

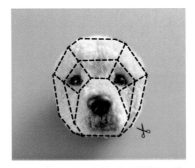

9 參考拉不拉多頭型，修剪頭部上方和眼睛外圍的骨骼輪廓。

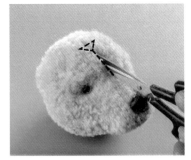

10 在頭頂上剪一個小三角形缺口，順著鼻樑的正中心位置用剪刀重複剪 2～3 次，就會有骨骼的線條出現，讓整個臉型更加立體。

11 用消失筆畫出嘴部線條位置，取些許黑色羊毛揉成細線，用羊毛氈戳針慢慢地沿記號線戳入，描繪出嘴巴線條。

12 完成嘴巴線條如圖示。

13 修剪輪廓。

14 剪出 P.173 耳朵紙型，依【P.52 一寬扁耳躲製作】完成耳朵戳製。

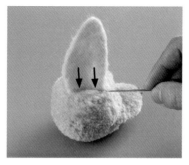

15 利用耳朵紙型，插入頭部毛線球抓出位置，將耳朵下方稍微反摺，然後用羊毛氈戳針戳刺進頭部裡面固定。

16 將將耳朵往下彎摺，用戳針戳刺進頭部裡面固定成下垂狀。

8 加上表情

17 完成拉不拉多頭部！

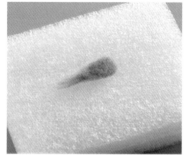

18 取些許桃紅色色羊毛，以羊毛氈戳針戳出舌頭的形狀，尾端要留一段如蝌蚪尾巴般的形狀。

19 在嘴巴位置剪一條寬 0.8～1cm 的缺口，塞入舌頭尾端稍微反摺，用戳針戳入，並自行調整喜歡的舌頭長度。

20 取些許黑色羊毛揉成細線，用羊毛氈戳針將毛沿著舌頭和嘴巴的交界處戳刺，讓視覺效果更立體。

21 完成吐舌版本的拉不拉多頭部！

捲線圖－身體

A 脖子

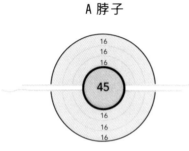

16
16
16
45
16
16
16

（3層）×1個

B 脖子

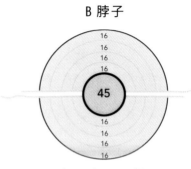

16
16
16
16
45
16
16
16
16

（4層）×1個

C 身體

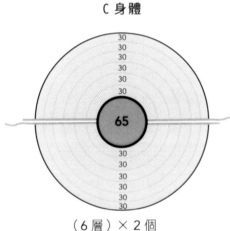

30
30
30
30
30
30
65
30
30
30
30
30
30

（6層）×2個

D 身體

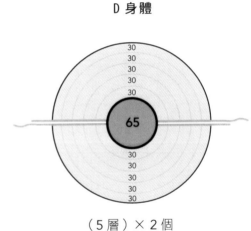

30
30
30
30
30
65
30
30
30
30
30

（5層）×2個

E 前腳

12
12
12
12
35
12
12
12
12

（4層）×2個

F 前腳／後腳

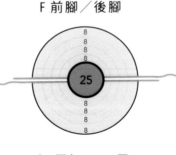

8
8
8
8
25
8
8
8
8

（4層）×12個

G 後腳

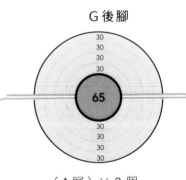

30
30
30
30
65
30
30
30
30

（4層）×2個

材 料

身體	奶茶色毛線 ⬤
尾巴	奶茶色毛線 ⬤
綁線	25cm × 12 條（25mm 製球器用）
	30cm × 5 條（35mm & 45mm 製球器&尾巴用）
	50cm × 6 條（65mm 製球器用）
	80cm × 1 條（頭部&身體組合用）
鋁線	40cm × 3 條（身體&四肢）

角 度 示 意 |||||||||||||||||||||||||||||||||||||||||||||||||||

★依【P.64 －身體骨架組合】方式完成身體。

45 度

正面

側面

背面

頂部

全身組合

作法

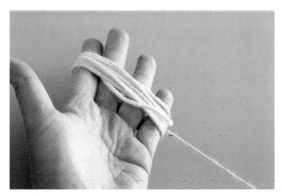

1 尾巴用毛線用四指捲繞 12 圈（也可以剪長 12cm 的紙板當模板）。

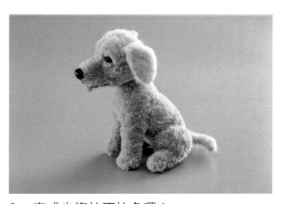

2 用綁線穿過，打 2 個單結。

3 以羊毛氈戳針戳刺成圓柱狀，可以戳得緊實些，或稍微修剪多餘毛線。

4 依【 P.68 －全身組裝技巧 】完成身體與頭部和尾巴的接合。

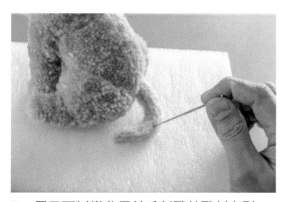

5 尾巴可以彎曲用羊毛氈戳針戳刺定型。

6 完成坐姿拉不拉多囉！

French Bulldog

法國鬥牛犬

→ P.18

製球器尺寸：85mm

材料

頭部	奶油白毛線 ○深灰色毛線 ●、淺灰色毛線 ●
耳朵	奶油白毛線 ○ 12cm × 36 條 粉紅色羊毛 ●
眼睛	9mm 黑豆豆眼 × 2 個
眼線	黑色羊毛 ●、淺灰色羊毛 ●
鼻子	15mm 黑色 × 1 個
嘴巴	黑色羊毛 ●
綁線	50cm × 1 條

捲線圖 — 頭部

（40 圈 ×10 層）

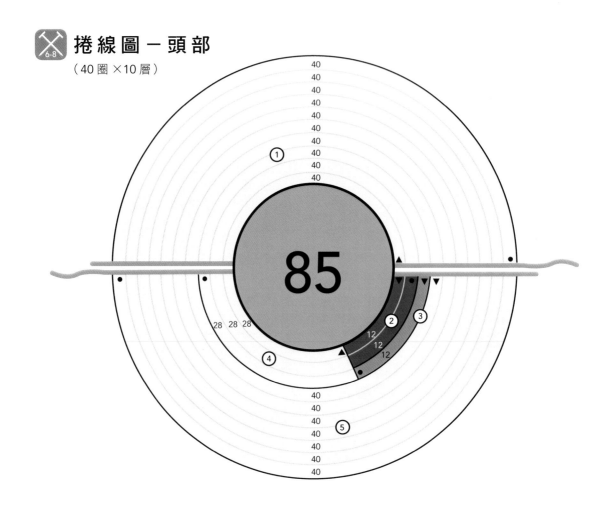

角度示意

正面	45 度	側面	頂部

重點　法國鬥牛犬的特色在他的短嘴和扁臉，最重要的則是臉部皺紋製作方法，加上大大的立耳，組合出個性化外表。

作 法

1 鼻部輪廓

1 依捲線圖完成頭部毛線球，修剪成圓球狀。

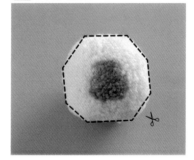

2 頭部外圍輪廓修剪成「八角形」。

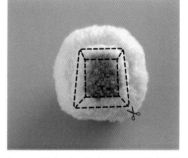

3 將灰色鼻部區圓弧處稍微修平，再將輪廓修剪成凸起的「梯形」。

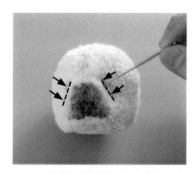

4 用羊毛氈戳針依箭頭方向往鼻子中心戳刺，讓外圍毛線與裡面的毛線能彼此沾黏，讓嘴部的位置比較「紮實」。

下巴

5 圖示區域加強戳刺出下巴的感覺。

6 完成初步臉部輪廓。

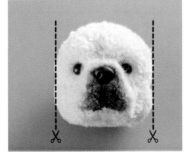

7 先用錐子戳出眼、鼻位置,將眼、鼻零件柱體沾上白膠後插入,靜置15分鐘讓白膠凝固。

8 修剪臉部兩側輪廓。

9 取些許黑色羊毛搓揉成細線,沿著眼睛上半部邊緣,以戳針輕輕將細線戳入。

③ 嘴巴

10 取些許淺灰色羊毛搓揉成細線,沿著眼睛下半部邊緣,以戳針輕輕將細線戳入。

11 完成兩眼眼線。

> **POINT!** 透過眼睛上、下周圍兩色眼線加強,可增加眼睛的靈動感。

12 用消失筆畫出嘴巴線條標示,取些許黑色羊毛搓揉成細線,用戳針將黑色羊毛戳刺進去。

④ 皺紋

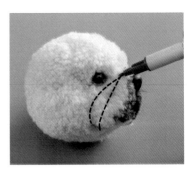

13 完成嘴巴線條。

14 修剪臉部和嘴部輪廓。

15 用消失筆將頭骨和嘴巴附近的皺紋標示出來。

16 沿著標示位置用剪刀重複剪 3～4 次，就會有皺紋的線條出現。

17 如果覺得不夠明顯，可以再重複剪 1～2 次。

POINT! 若想要皺紋更明顯，可取拆開成小股的奶油白毛線，以羊毛氈戳針將毛線沿皺紋線條戳刺進去，皺紋會更加明顯。

18 剪出 P.173 耳朵紙型，依【P.53－雙色立耳製作】完成耳朵戳製。

19 以紙型插入頭部抓出位置，撥開毛線，插入立耳，將耳朵下方稍微反摺，用羊毛氈戳針戳刺進頭部裡面固定。

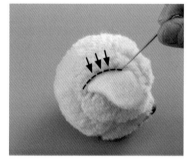

20 透過前、後兩端戳刺調整耳朵位置，完成左、右兩耳安裝。

21 完成法國鬥牛犬頭部！

改變配件與技法，感覺馬上不一樣！

右側對照的成品是將眼睛配件換成卡通眼，使用拆開的細毛線在皺紋線條處戳刺，可加強線條感。

捲線圖－身體 ★依【捲線圖】完成身體毛線球製作。

A 脖子

20
20
20
20
45
20
20
20
20

（4層）×1個

B 身體

32
32
32
32
32
65
32
32
32
32
32

（5層）×2個

C 身體

32
32
32
32
65
32
32
32
32

（4層）×2個

D 前腳／後腳

10
10
10
10
25
10
10
10
10

（4層）×8個

E 前腳

9
9
9
9
20
9
9
9
9

（4層）×4個

F 後腳

20
20
20
20
45
20
20
20
20

（4層）×2個

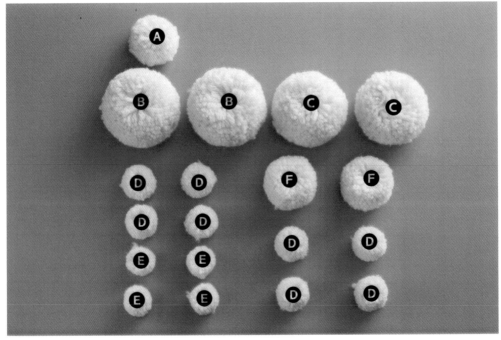

材 料

身體	奶油白毛線 ○
尾巴	奶油白毛線 ○
綁線	20cm × 12 條（20mm & 25mm 製球器用）
	30cm ×4 條（45mm 製球器 & 尾巴用）
	50cm × 4 條（65mm 製球器用）
	80cm × 1 條（頭部＆身體組合用）
鋁線	25cm × 1 條（身體）
	22cm × 2 條（四肢）

★依【P.64 －身體骨架組合】方式完成身體。

角 度 示 意

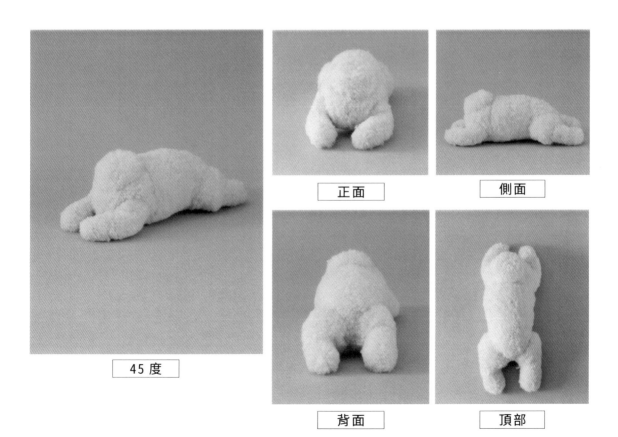

45 度

正面

側面

背面

頂部

全身組合

作法

1 用布偶縫針穿過頭部和身體做暫時固定及位置確認，依【P.68 －全身組裝技巧】完成接合。

2 尾巴用毛線用兩指捲繞 16 圈（也可以剪長4cm的紙板當模板），用綁線穿過，打 2 個單結。

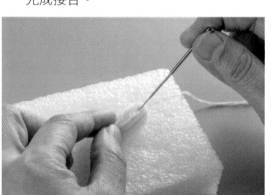

3 以羊毛氈戳針戳刺成圓柱狀後，可稍微修剪多餘毛線。

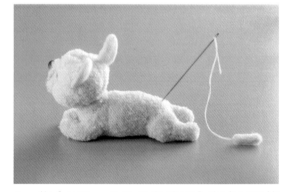

4 依【P.68 －全身組裝技巧】完成尾巴接合。

5 完成趴姿法國鬥牛犬囉！

Welsh Corgi

柯 基

→ P.20

製球器尺寸：85mm

材 料

頭部	白色毛線 ○、橘黃色毛線 ◎
鼻部	白色毛線 ○、深灰色毛線 ●
眼睛	9mm 咖啡水晶眼 × 2 個
鼻子	18mm 黑色 ● × 1 個
嘴巴	黑色羊毛 ●
耳朵	橘黃色毛線 ◎ 16cm × 50 條
耳朵內側	白色羊毛 ○
綁線	50cm × 1 條（頭）
	30cm × 1 條（嘴）
	60cm × 1 條（連結頭、嘴）

捲線圖－頭部

（40 層 ×9 層）

鼻部

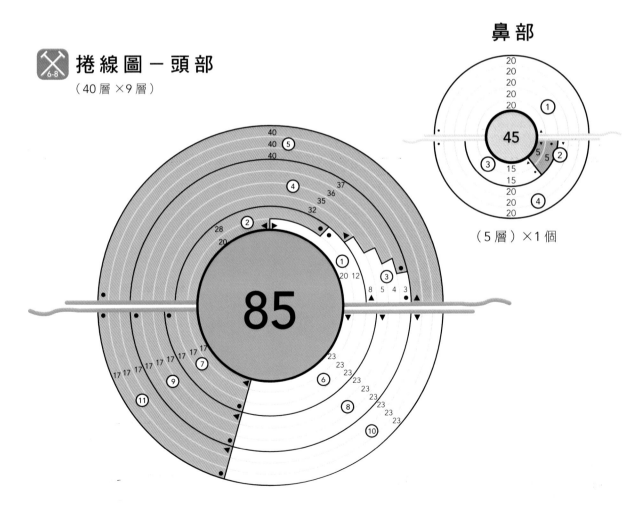

（5 層）×1 個

角度示意

| 正面 | 45 度 | 側面 | 頂部 |

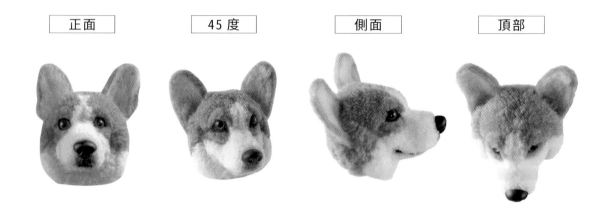

重點　柯基毛色多為白色和橘黃色組合，有些也會參雜黑色。臉部嘴鼻處比較突出，所以這裡會加一顆毛線球組合頭部，臉頰和眼眶骨骼紋路的表現也是修剪重點。

作法

① 頭部＆鼻部組合

1 依捲線圖完成頭部和鼻部毛線球，修剪成圓球狀。

2 鼻子零件柱體沾上白膠，插入圖示位置，輕輕地往內推入，靜置 15 分鐘讓白膠凝固。

POINT! 外接鼻部毛線球時，毛球較小、直徑短，鼻子零件柱體尾端若過長會不好安裝，可先用斜口鉗剪短。

3 取綁線，依【P.49 — 毛線球組合】完成頭部和鼻部組合。

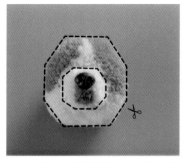

4　先修剪頭部最外圍的輪廓，再修剪嘴部外圍的輪廓。

5　眼睛零件柱體端均勻沾上白膠，推入圖示位置，靜置 15 分鐘讓白膠凝固。

6　修剪頭部側面線條。

7　取黑色羊毛揉成細線，用羊毛氈戳針戳入眼睛周圍固定，描繪出眼睛輪廓成「杏仁」眼。

8　稍微將眼眶周圍的毛線剪短，讓眼眶的輪廓更明顯。

9　用剪刀沿著標示位置，從頭骨到鼻樑將毛線稍微往內剪出凹陷狀，讓整個五官更立體。

3　嘴巴

10　用水消筆畫出嘴部線條位置，取些許黑色羊毛揉成細線，用羊毛氈戳針將毛慢慢地沿記號線戳入，描繪出嘴巴輪廓。

123

反　正

11 耳朵紙型見 P.173，依【P.53 － 雙色立耳製作】完成耳朵戳製。

12 用紙型插入頭部、確認位置，撥開毛線、插入耳朵。

13 將耳朵下方稍微反摺，然後用羊毛氈戳針戳刺進頭部裡面固定。

14 透過戳刺調整耳朵的正面和背面的方式來固定耳朵的形狀。

15 完成柯基頭部！

POINT!

如果發現耳朵不是固定得很牢固，可以取些少量剛剛用針梳刷下來的羊毛纖維塞進耳朵與頭部的縫隙，來增加固定強度。

捲 線 圖 — 身 體 ★依【捲線圖】完成身體毛線球製作。

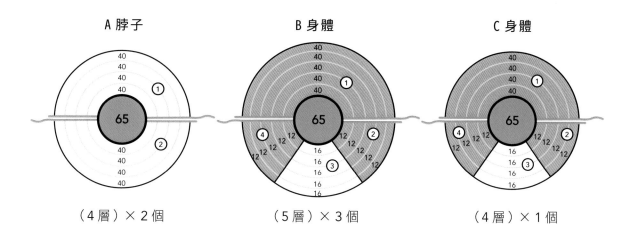

A 脖子

40
40
40
40 ①
65
40 ②
40
40
40

（4層）×2個

B 身體

40
40
40
40
40 ①
④ 12 12 ② **65** 12
12 12 12 12
16 12
16 ③
16
16
16

（5層）×3個

C 身體

40
40
40 ①
40
④ 12 12 ② **65** 12
12 12 12 12
16
16 ③
16
16

（4層）×1個

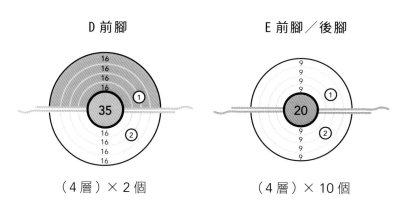

D 前腳

16
16
16
16 ①
35
16 ②
16
16
16

（4層）×2個

E 前腳／後腳

9
9
9
9 ①
20
9 ②
9
9
9

（4層）×10個

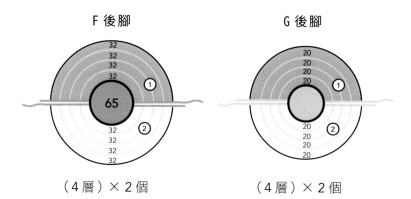

F 後腳

32
32
32
32 ①
65
32 ②
32
32
32

（4層）×2個

G 後腳

20
20
20
20 ①
②
20
20
20
20

（4層）×2個

材 料

身體	白色毛線 ○、橘黃色毛線 ◎
尾巴	橘黃色毛線 ◎
綁線	20cm × 10 條（20mm 製球器用）
	30cm × 4 條（35mm & 45mm 製球器用）
	40cm × 1 條（尾巴用）
	50cm × 8 條（65mm 製球器）
	80cm × 1 條（頭部&身體組合用）
鋁線	25cm × 1 條（身體）
	20cm × 2 條（四肢）

尾巴

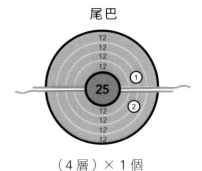

（4 層）× 1 個

角度示意

正面

45 度

側面

背面

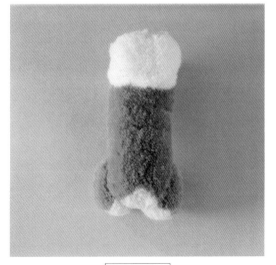

頂部

全身組合 ‖‖‖

作法

1　用布偶縫針穿過頭部和身體暫時的固定，依【P.68－全身組裝技巧】完成接合。

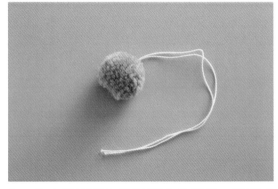

2　依【捲線圖】捲出尾巴毛線球，修剪成圓球狀。

3　依【P.68－全身組裝技巧】完成啾啾尾巴接合。

4　完成站姿柯基囉！

Shiba Inu

柴 犬

→ P.22

製球器尺寸：85mm

材 料

頭部	橘黃色毛線 ◍、白色毛線 ◯
鼻部	白色毛線 ◯、深灰色毛線 ●
眼睛	9mm 黑豆豆眼 × 2 個
眼線	黑色羊毛 ●
鼻子	15mm 黑色 × 1 個
嘴巴	黑色羊毛 ●
耳朵	橘黃色毛線 8cm × 40 條
耳朵內側	白色羊毛
綁線	50cm × 1 條（頭）、30cm × 1 條（鼻） 60cm × 1 條（連結頭、鼻）

捲線圖－頭部

（40 圈 ×9 層）

鼻部

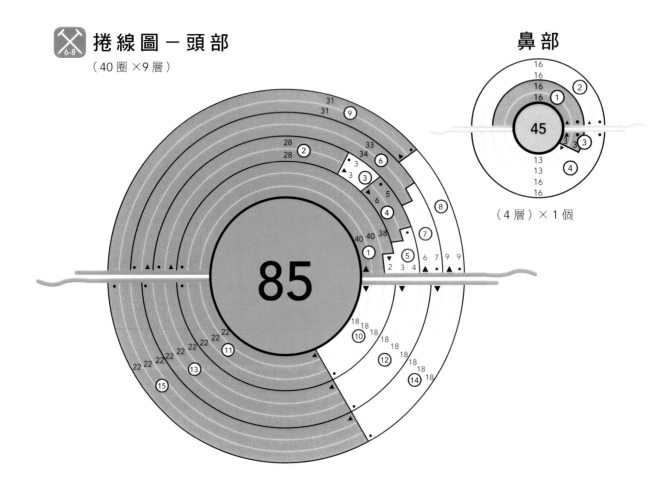

（4 層）× 1 個

角度示意 ||||||||||||||||||||||||||||||||||||||||||||||||||||||||

| 正面 | 45 度 | 側面 | 頂部 |

重點　柴犬的毛色很有特色，經典赤柴在眼睛上有白色色塊，捲線時要留意線圖規劃。臉型也是屬於比較有稜有角，因此修剪臉型時，要特別注意臉部骨骼的修剪。

作 法

① 頭部＆鼻部組合

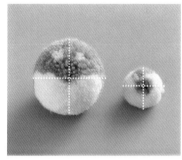  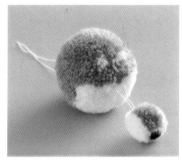

1　依捲線圖完成頭部和鼻部毛線球，修剪成圓球狀。

2　鼻子零件柱體剪短，沾上白膠，插入圖示位置，輕輕地往內推入，靜置 15 分鐘讓白膠凝固。

3　取綁線，依【P.49 －毛線球組合】完成頭部和嘴部組合。

131

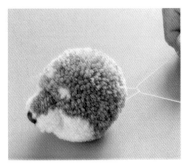

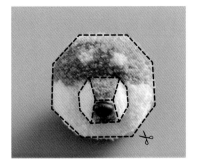

4 先後打1個多單結和單結固定。技巧見【P.49－毛線球組合】。

5 連接完成如圖示。

6 先修剪頭部最外圍的輪廓，再修剪嘴部外圍的輪廓。

2 眼部

7 眼睛零件柱體端均勻沾上白膠，推入圖示位置，靜置15分鐘讓白膠凝固。

8 修剪頭部骨骼上方、側面到嘴部外圍的輪廓。

9 取黑色羊毛揉成細線，用羊毛氈戳針戳入眼睛周圍固定，描繪出眼睛輪廓成「杏仁」眼。

3 嘴巴

10 完成兩眼的眼線描繪。

11 用消失筆畫出嘴部線條位置，取些許黑色羊毛揉成細線，用羊毛氈戳針將毛慢慢地沿記號線戳入，描繪出嘴巴輪廓。

12 耳朵紙型見 P.173；依【P.53 - 雙色立耳製作】完成耳朵戳製。

13 利用耳朵紙型，插入頭部毛線球抓出位置，撥開毛線。

14 用羊毛氈戳針將耳朵下方稍微反摺，然後用羊毛氈戳針戳刺進頭部裡面固定。

15 透過戳刺調整耳朵的正面和背面的方式來固定耳朵的形狀，完成左、右兩耳安裝。

16 沿標示位置，從頭骨到鼻樑位置將毛線稍微往內修剪出凹陷狀，讓整個五官更立體。

17 最後拿出剪刀將整個頭部輪廓細修，前、後、左、右，上、下轉動觀察，修除多餘雜毛，完成柴犬頭部！

A 脖子

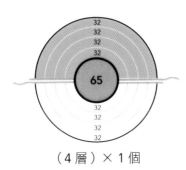

32
32
32
32

65

32
32
32
32

（4層）× 1個

B 身體

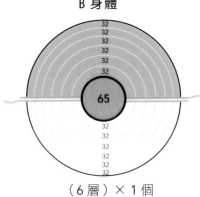

32
32
32
32
32
32

65

32
32
32
32
32
32

（6層）× 1個

C 身體

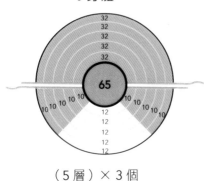

32
32
32
32
32

65

10 10 10 10 10 10 10 10
12
12
12
12
12

（5層）× 3個

D 前腳

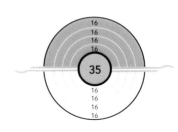

16
16
16
16

35

16
16
16
16

（4層）× 2個

E 前腳／後腳

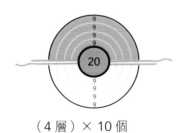

9
9
9
9

20

9
9
9
9

（4層）× 10個

F 前腳／後腳

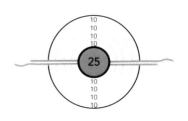

10
10
10
10

25

10
10
10
10

（4層）× 4個

G 後腳

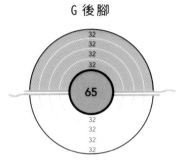

32
32
32
32
65
32
32
32
32

（4層）× 2個

尾巴 A

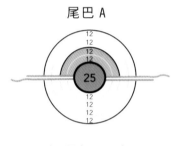

12
12
12
12
25
12
12
12
12

（4層）× 3個

尾巴 B

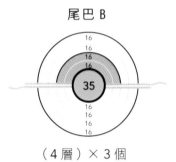

16
16
16
16
35
16
16
16
16

（4層）× 3個

材料

身體	橘黃色毛線 ◉、白色毛線 ○
尾巴	橘黃色毛線 ◉、白色毛線 ○
綁線	20cm × 17 條（25mm & 20mm 製球器用）
	30cm × 4 條（45mm 製球器用）
	40cm × 1 條（尾巴用）
	50cm × 7 條（65mm 製球器）
	80cm × 1 條（頭部＆身體組合用）
鋁線	28cm × 3 條（身體＆四肢）
	15cm × 1 條（尾巴）

★依【P.64 －身體骨架組合】方式完成身體。

角度示意

45 度

正面

側面

背面

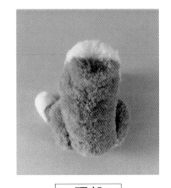

頂部

全身組合

作法

1 尾巴毛線球依標示順序從毛球「線孔」穿進鋁線，將鋁線尾端彎折成倒鉤狀。

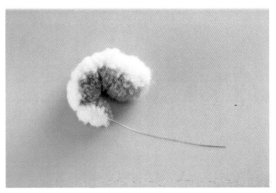

2 將毛線球推緊，尾巴彎曲成卷尾狀，剪掉多餘鋁線，將前端鋁線彎折成倒鉤狀，固定毛線球。

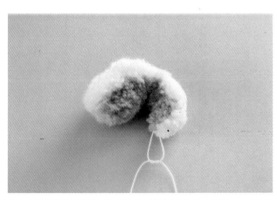

3 取尾巴綁線穿過鋁線前端的倒鉤，打 2 個單結綁緊。

4 完成柴犬卷尾。

5 依【P.68 －全身組裝技巧】完成身體與頭部和尾巴的接合。

6 完成坐姿柴犬囉！

Shih Tzu

西 施

→ P.24

製球器尺寸：85mm

材 料

頭部	白色毛線 ○、駝色毛線 ◉、淺灰色毛線 ◍
耳朵	駝色毛線◉ 16cm × 20 條、
	咖啡色毛線◉ 16cm × 20 條
植毛	白色毛線 ○×cm × × 條（臉頰）
	駝色毛線◉×cm × × 條（頭頂下層）
	白色毛線 ○×cm × × 條（頭頂上層）
	白色毛線 ○×（鼻樑）
眼睛	12mm 卡通豆眼 × 2 個
鼻子	15mm 黑色 × 1 個
嘴巴	黑色羊毛 ●
綁線	50cm × 1 條（頭部）
	30cm × 2 條（耳朵）

★植毛用毛線拆成小股，以寵物針梳刷蓬鬆，備用。

捲線圖 － 頭部

6-8

（40 圈 ×9 層）

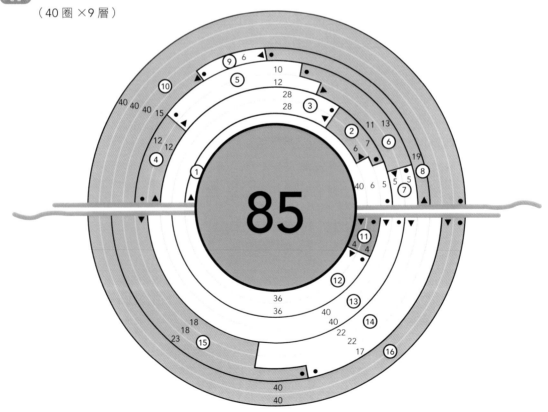

角度示意

正面	45 度	側面	頂部

重點　西施大大的眼睛和扁臉是臉部特點。毛色多為白底,在眼睛周圍與耳朵周圍有深淺咖啡色系的毛色為經典。毛長所以會以植毛技巧表現毛流,也可以利用植毛技巧創造想要的造型。

作 法

① 眼部

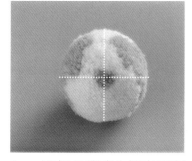

1　頭部毛線球先抓出五官比例分線。

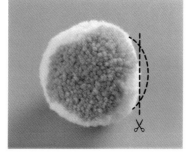

2　將毛線球正面稍微剪平,可表現西施「扁臉」特色。

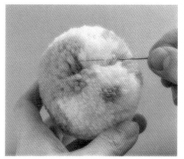

3　上、下撥開橫向分線,修剪上方圖示A區。

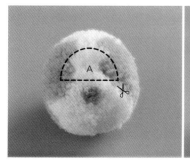

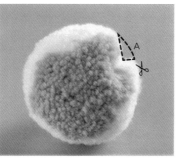

4　修剪圖示A區。

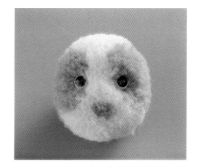

5　眼睛零件柱體端均勻沾上白膠,推入眼睛位置,靜置 15 分鐘讓白膠凝固。

② 鼻部

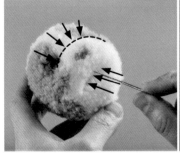

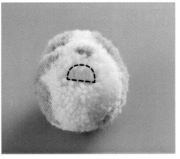

6 用戳針依箭頭方向往中心戳刺，讓外圍毛線與裡面的毛線能夠彼此沾黏在一起，讓鼻部的位置比較「紮實」。

7 用錐子戳出鼻子位置，將鼻子零件柱體沾上白膠後插入，靜置 15 分鐘讓白膠凝固。

③ 輪廓修剪

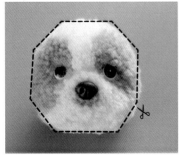

8 修剪臉型眼尾兩側，讓臉型更立體。

④ 耳朵

9 耳朵用毛線均分成 2 份，依【P.54 －蓬鬆垂耳製作】完成耳朵。可利用針梳刷出蓬鬆感。

10 用布偶縫針穿入耳朵綁線，從耳朵位置穿過頭部後拉緊，打 2 個單結固定。

11 重複步驟 10 完成另一側耳朵，以羊毛氈戳針略戳耳朵頂端固定方向，修剪耳朵長度。

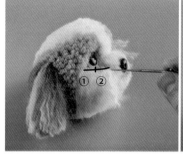 

12 臉頰用植毛片均分成左、右側 2 份，以【P.61 － 反摺平鋪法】技法，每側分 3 次植毛。

13 完成兩側臉頰植毛，修剪成適當長度。

6 頭頂下層植毛

14 頭頂下層駝色植毛片均分成左、右側 2 份，以【P.61 － 反摺平鋪法】技法，每側分 3 次植毛。

7 頭頂上層植毛

15 植毛側面示意，頭頂的白色植毛會與駝色植毛交疊。

8 鼻樑植毛

16 依反摺線及毛流方向從底部往上反摺白色鼻樑植毛，完成植毛，修剪成適當長度。

9 嘴巴

17 在鼻子下方抓出嘴巴位置，黑色羊毛搓細，用羊毛氈戳針輕輕戳刺出嘴部，可以多描幾次，表現「厚唇」的特徵。

18 用剪刀在嘴巴位置兩端剪出「木偶紋」，讓嘴巴與下顎更立體。完成西施頭部！

捲線圖－身體 ★依【捲線圖】完成身體毛線球製作。

A 脖子

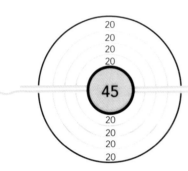

（4層）×1個

B 身體

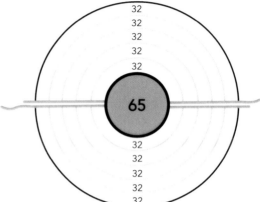

（5層）×1個

C 身體

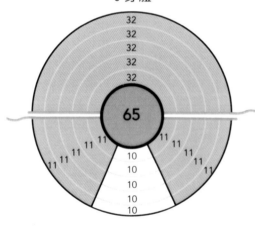

（5層）×3個

D 前腳／後腳

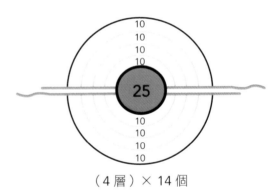

（4層）×14個

E 後腳

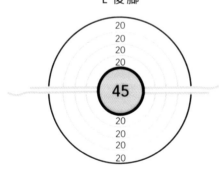

（4層）×2個

材料

身體	白色毛線 ○、駝色毛線 ●
植毛	白色毛線 ○ 12cm × 48 條
尾巴	駝色毛線 ● 18cm × 10 條
	咖啡色毛線 ● 16cm × 10 條
綁線	25cm × 14 條（25mm 製球器用）
	30cm × 3 條（45mm 製球器用）
	40cm × 1 條（尾巴用）
	50cm × 4 條（65mm 製球器用）
	80cm × 1 條（頭部＆身體組合用）
鋁線	25cm × 3 條（身體＆四肢）

★植毛用毛線拆成小股，以寵物針梳刷蓬鬆，備用。

角度示意

45 度

側面

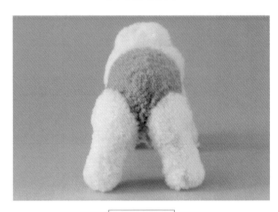

背面

正面

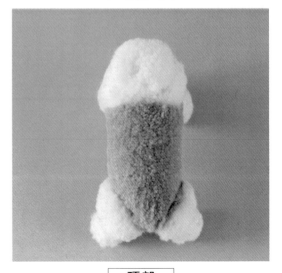

頂部

⇨ 站姿組合。

⇨ 混色掃帚傘型尾巴製作。

⇨ 四肢植毛層次堆疊。

全身組合 ‖‖

作法

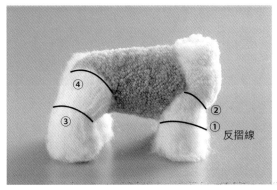

1 四肢植毛片均分成 8 份，依【P.61 －反摺平鋪法】，完成四肢植毛後修剪造型。

2 將兩色尾巴用毛線拆成小股，置中排列，於線段中心點用綁線打 2 個單結。

3 毛線對折，用寵物針梳輕輕地在表面刷出蓬鬆感，修剪成適當長度。

4 用布偶縫針穿過頭部和身體做暫時固定和位置確認，依【P.68 －全身組裝技巧】完成接合。

5 依【P.68 －全身組裝技巧】完成尾巴接合，將尾巴彎下整理成「傘型」，再用羊毛氈戳針往尾端戳刺。

6 完成站姿西施囉！

Dachshund

臘腸犬

→ P.26

製球器尺寸：85mm

材料

頭部	黑色毛線 ●、橘黃色毛線 ◎
鼻部	黑色毛線 ●、橘黃色毛線 ◎
眼睛	9mm 咖啡水晶眼 × 2 個
眼線	深灰色羊毛 ●
鼻子	18mm 黑色 × 1 個
嘴巴線條	黑色羊毛 ●
耳朵	黑色毛線 ● 20cm × 40 條
綁線	50cm × 1 條（頭）
	30cm × 3 條（鼻）
	60cm × 1 條（連結頭、鼻）

捲線圖－頭部

（40 圈 ×8 層）

鼻部

（4 層）× 3 個

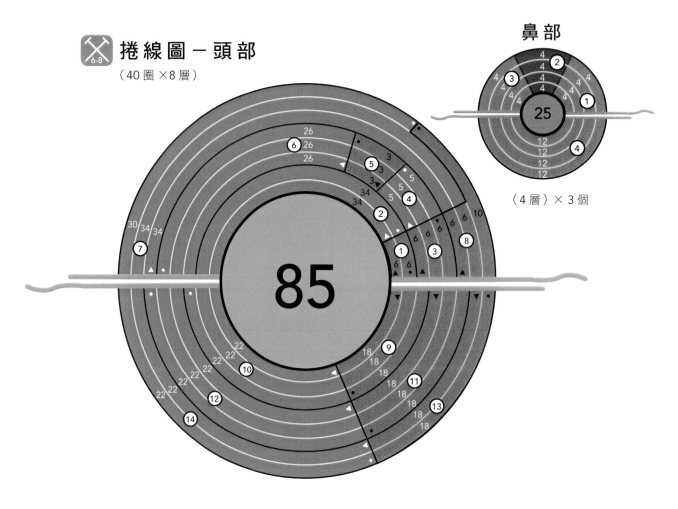

角度示意 ||||||||||||||||||||||||||||||||||||||||||||||||||||||||||||||||||||

正面	45 度	側面	頂部

重點　　臘腸使用混色捲線法，臉部特色是尖長的嘴巴，所以作法中以一顆頭部＋三顆嘴部連接，搭配大大的垂耳非常可愛。

作 法

1 頭部＆鼻部

1　依捲線圖完成頭部、鼻部毛線球。

2　取 60cm 綁線，按照箭頭標示的位置與方向，穿過嘴部靠近中心的位置，先後打 1 個多單結和單結固定。

3　鼻部毛球小，這裡要注意需要剪掉鼻子零件柱體太長的部分。

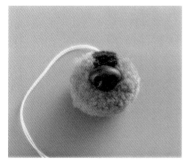

4　將鼻子零件柱體沾上白膠，插入圖示位置，輕輕地往內推入，靜置 15 分鐘讓白膠凝固。

5　利用布偶針按箭頭標示位置方向，穿過頭部毛線球靠近中心位置連接頭，先後打 1 個多單結和單結固定。

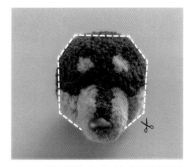

6　頭部輪廓先修剪頭部最外圍的輪廓。

147

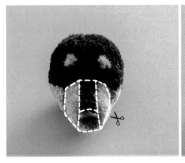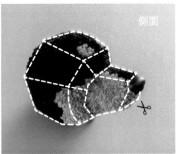

7 修剪嘴部外圍的輪廓。

② 眼睛 ③ 嘴巴

8 眼睛零件柱體端均勻沾上白膠,推入圖示位置,靜置 15 分鐘讓白膠凝固。

9 用消失筆畫出嘴部線條位置。

10 取些許黑色羊毛揉成細線,用羊毛氈戳針將毛慢慢地沿記號線戳入,描繪出嘴巴輪廓。

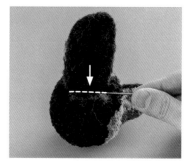

14 耳朵紙型見 P.173；依【P.52 — 寬扁耳朵製作】完成耳朵戳製。

15 用紙型插入頭部、確認位置，撥開毛線、插入耳朵。

16 將耳朵下方稍微反摺，然後用羊毛氈戳針戳刺進頭部裡面固定。

17 將耳朵往下彎摺，用戳針戳刺進頭部裡面固定成下垂狀。

POINT!

耳朵如果不夠服貼，可以修剪些許耳下臉頰毛線。

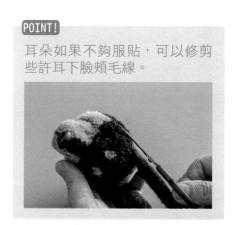

5 眼線

18 取深灰色羊毛揉成細線，用羊毛氈戳針戳入眼睛周圍固定，描繪出眼睛輪廓。

19 完成臘腸頭部！

6-8 捲線圖－身體 ★依【捲線圖】完成身體毛線球製作。

A 脖子

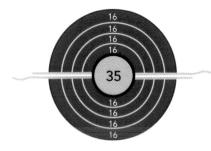

（4層）× 1個

B 身體

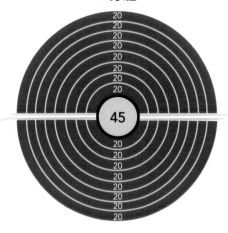

（8層）× 5個

C 身體

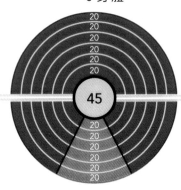

（6層）× 1個

D 前腳

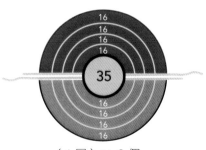

（4層）× 2個

E 前腳／後腳

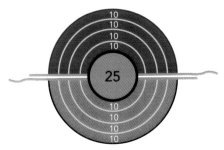

（4層）× 4個

F 前腳／後腳

| 10 |
| 10 |
| 10 |
| 10 |
| 25 |
| 10 |
| 10 |
| 10 |
| 10 |

（4層）× 4個

G 後腳

| 20 |
| 20 |
| 20 |
| 20 |
| 45 |
| 20 |
| 20 |
| 20 |
| 20 |

（4層）× 2個

材 料

身體	黑色毛線 ●、橘黃色毛線 ◐
補毛	橘黃色毛線 ◐
尾巴	黑色毛線 ●
綁線	20cm × 8 條（25mm 製球器用）
	30cm ×11 條（35mm & 45mm 製球器用）
	40cm × 1 條（尾巴用）
	50cm × 2 條（補毛束用）
	80cm × 1 條（頭部＆身體組合用）
鋁線	25cm × 1 條（身體）
	20cm × 2 條（四肢）

★依【P.64 －身體骨架組合】方式完成身體。

角度示意

45 度

正面

側面

背面

頂部

臘腸長長的身體和小短腿是最大的特色，這裡示範的造型為短毛臘腸犬，利用「補毛」技巧做出胸前的毛色。如果想做長毛臘腸可以用「反摺平鋪法」的植毛方式製作。

全身組合

作法

1 用布偶縫針穿過頭部和身體做暫時固定及位置確認，依【P.68 －全身組裝技巧】完成接合。

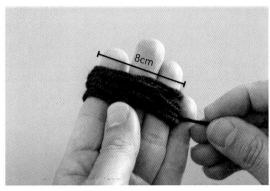

2 尾巴用毛線用三指捲繞 10 圈（也可以剪長 8cm 的紙板當模板）。

3 用綁線穿過，打 2 個單結。

4 以羊毛氈戳針戳刺成圓柱狀，再用剪刀稍微修剪一下多餘的毛線。

5 依【P.68 －全身組裝技巧】完成身體與頭部和尾巴的接合。

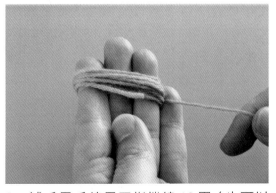

6 補毛用毛線用三指捲繞 10 圈（也可以剪長 8cm 的紙板當模板）。

7 用綁線穿過，打 2 個單結固定；重複步驟 6～7，完成 2 個補毛束。

8 剪開補毛束尾端。

9 用布偶縫針穿過補毛束綁線，依序將補毛束①、②拉進胸口，先後打一個多單結和單結固定。

10 用羊毛氈戳針將補毛束前端稍微戳進身體固定。

11 剪除多餘的前胸補毛毛線。

12 完成站姿臘腸犬囉！

Old English Sheepdog

古代牧羊犬

→ P.28

製球器尺寸：85mm

材料

頭部	白色毛線 ○
鼻部	白色毛線 ○
植毛	白色毛線 ○
	16cm × 32 條（鼻翼）
	20cm × 80 條（頭部）
眼睛	10mm 黑豆豆眼 × 2 個
鼻子	18mm 黑色 × 1 個
嘴巴	黑色羊毛 ●
舌頭	桃紅色羊毛 ◎
綁線	50cm × 2 條（頭、鼻）
	60cm × 1 條（連接頭、鼻）

★ 植毛用毛線拆成小股，以寵物針梳刷蓬鬆，備用。

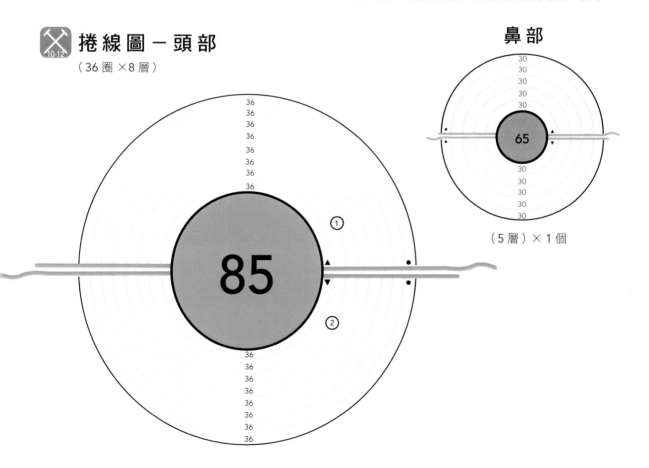

捲線圖－頭部

（36 圈 ×8 層）

85

鼻部

65

（5 層）× 1 個

角度示意 ||||||||||||||||||||||||||||||||||||||||||||||||||||||

正面	45 度	側面	頂部

重點　毛絨絨的古代牧羊犬重點在長毛的製作，是個性非常友善、親人的大型犬種，這裡也特別以露出舌頭的開心表情來展現。

作 法

1 頭部＆鼻部組合

1　依捲線圖完成頭部、鼻部毛線球。

2　依【P.49 －毛線球組合】技法連接頭部和鼻部毛線球。

2 頭部輪廓

3 眼睛＆鼻子

3　修剪頭部最外圍輪廓成「八角型」。

4　再修剪嘴部外圍輪廓成「梯形」。

5　用錐子戳出眼睛、鼻子位置，將眼睛、鼻子零件柱體沾上白膠後插入，靜置 15 分鐘讓白膠凝固。

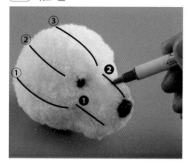

6 用消失筆畫出植毛位置記號（頭部兩側各 3 層；鼻翼一側 2 層）。頭部植毛片均分成 8 份、鼻翼植毛片均分成 4 份。

7 依圖示反摺線位置，以【P.61 ─反摺平鋪法】分段植上左側頭部植毛片①和鼻翼植毛片❶。

8 依【P.61 ─反摺平鋪法】分段植上頭部植毛片②和鼻翼植毛片❷。

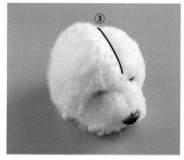

9 植上頭頂植毛片③。

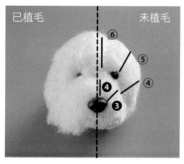

已植毛　　　　未植毛

10 完成左側植毛如圖示；重複上述技法完成右側頭部④⑤⑥，和鼻翼植毛片❸❹。

後腦

11 依圖示反摺線位置，以【P.61 ─反摺平鋪法】分段植上後腦勺植毛片⑦⑧。

12 完成植毛，修剪成適當長度。

⑤ 嘴巴＆舌頭

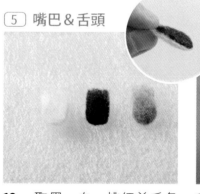

13 取黑、白、桃紅羊毛各戳出 1 片水滴羊毛片；將黑色水和白色重疊，戳刺固定成唇片。

14 在嘴巴位置剪寬 0.8 ～ 1cm 的缺口，塞入唇片（黑底朝上），從上往下戳刺，與下方毛線球沾黏在一起。

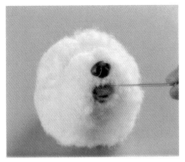

15 在黑色唇片上方塞入舌頭，尾端稍微反摺，用戳針戳入，並自行調整喜歡的舌頭長度。

16 取些許黑色羊毛揉成細線，用羊毛氈戳針將毛沿著嘴巴外圍交界處戳刺，讓嘴形更立體。

17 完成古代牧羊犬頭部！

✂ 捲線圖－身體 ★依【捲線圖】完成身體毛線球製作。

A 脖子

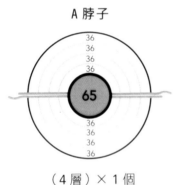

36
36
36
36
65
36
36
36
36

（4層）× 1 個

B 身體

36
36
36
36
36
65
36
36
36
36
36

（5層）× 1 個

C 身體

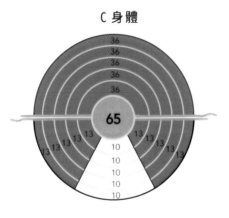

36
36
36
36
36
65
13 13 13 13 13 13
13 13
10
10
10
10
10

（5層）× 3 個

D 身體

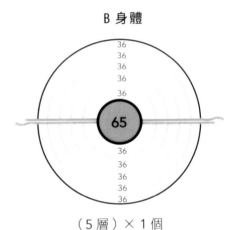

36
36
36
36
65
36
36
36
36

（4層）× 1 個

E 前腳

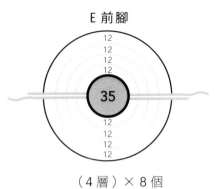

（4層）× 8 個

F 後腳

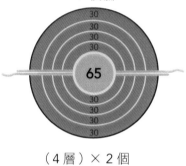

（4層）× 2 個

G 後腳

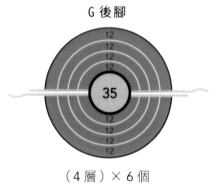

（4層）× 6 個

材 料

身體	白色毛線 ○、深灰色毛線 ●
植毛	白色毛線 ○
	16cm × 16 條（身體）
	8cm × 32 條（前腳）
	10cm × 24 條（前胸）
	深灰色毛線 ●
	10cm × 32 條（身體）
	8cm × 24 條（後腳）
	10cm × 12 條（屁股）
綁線	30cm × 14 條（35mm 製球器用）
	50cm × 8 條（65mm 製球器用）
	80cm × 1 條（頭部＆身體組合用）
鋁線	40cm ×3 條（身體＆四肢）

★植毛用毛線拆成小股，以寵物針梳刷蓬鬆，備用。

★依【P.64 －身體骨架組合】方式完成身體。

角度示意 ||||||||||||||||||||||||||||||||||||||||||||||||||||||||||||||||||||

45 度

正面

側面

背面

頂部

⇨ 站姿的組合。
⇨ 身體植毛堆疊。

全身組合 ‖‖‖

作法

① 四肢＆身體植毛

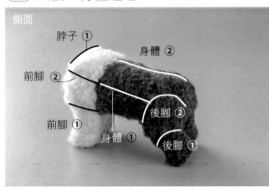
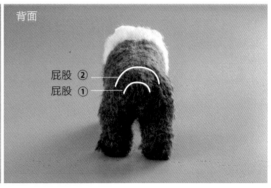

1 植毛用毛線依圖示反摺線規劃，均分成適當份數，依【P.61－反摺平鋪法】分段植上身體／脖子／前腳／後腳／屁股區植毛片。

2 前胸植毛片均分成 2 份，依【P.61－反摺平鋪法】分段完成植毛。

3 用布偶縫針穿過頭部和身體做暫時固定和位置確認，依【P.68－全身組裝技巧】完成接合。

4 完成站姿古代牧羊犬囉！

Schnauzer

雪納瑞

→ P.30

製球器尺寸：85mm

材 料

頭部	白色毛線 ○、深灰色毛線 ●
植毛	白色毛線 ○
	12cm × 16 條（鬍鬚）
耳朵	深灰色毛線 ● 16cm × 40 條
	白色羊毛 ○
眼睛	9mm 黑豆豆眼 × 2 個
鼻子	15mm 黑色 × 1 個
嘴巴 & 眼線	黑色羊毛 ●
綁線	50cm × 1 條

★植毛用毛線拆成小股，以寵物針梳刷蓬鬆，備用。

捲線圖 – 頭部

6-8

（40 圈 ×8 層）

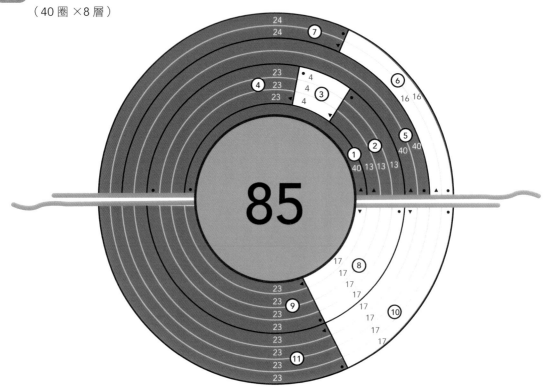

角度示意

正面	45 度	側面	頂部

重點 雪納瑞的經典毛色造型很像有白眉毛的老公公，捲線時要特別注意。長長的鬍鬚則會以植毛方式展現。

作法

① 眼部

1 頭部毛線球先抓出五官比例分線。

2 用羊毛氈戳針由左右兩邊外側往嘴部戳刺。

3 將眉毛下方的毛線往外戳刺（往外側倒下）。

② 鼻部

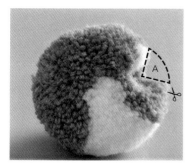  

4 修剪圖示 A 區的灰色毛線部份，讓白色毛線（眉毛）更明顯。

5 用錐子戳出眼睛位置，眼睛零件柱體端均勻沾上白膠，推入眼睛位置，靜置 15 分鐘讓白膠凝固。

6 用戳針由下巴往嘴部戳刺出一個弧形，讓外圍毛線與裡面的毛線沾黏在一起，讓嘴部位置比較「紮實」。

③ 頭部輪廓

③ 頭部輪廓

7 用錐子戳出鼻子位置，將鼻子零件柱體沾上白膠後插入，靜置 15 分鐘讓白膠凝固。

8 修剪頭部外圍輪廓。

9 修剪圖示 B、C 區，形成一個弧形。

④ 鬍鬚植毛

10 植毛片均分成 2 份，取 1 份以【P.61 一反摺平鋪法】戳刺固定於鼻翼左側。

11 重複步驟 10，完成右側鼻翼鬍鬚植毛。

⑤ 嘴巴

12 以剪刀修剪兩側鬍鬚長度。

13 在鼻子下方抓出嘴巴位置，稍微以剪刀剪平，取些許黑色羊毛搓揉成細線，再以戳針輕輕地將細線戳入固定。

14 用剪刀在嘴巴位置兩端剪出木偶紋。

15 耳朵紙型見 P.173；依【P.53 － 雙色立耳製作】完成耳朵戳製。

16 插入耳朵紙型抓出位置後，用戳針撥開毛線。

17 插入立耳，將耳朵下方稍微反摺，用羊毛氈戳針戳刺進頭部裡面固定，透過戳刺調整耳朵位置與形狀。

18 將耳朵稍微往下彎，以戳針將尾端戳刺固定於頭部，讓耳朵呈彎曲下折狀。

19 完成雪納瑞頭部！

A 脖子

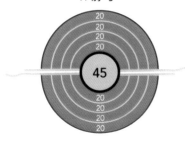

（4層）×1個

B 身體

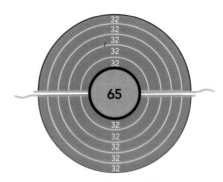

（5層）×1個

C 身體

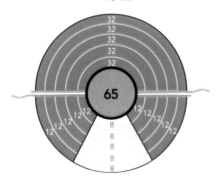

（5層）×1個

D 身體

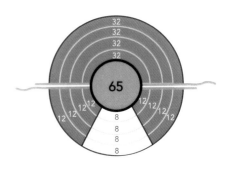

（4層）×2個

E 前腳

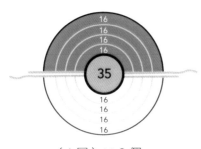

（4層）×2個

F 後腳／後腳

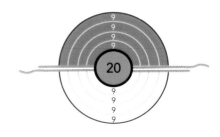

（4層）×6個

G 前腳／後腳

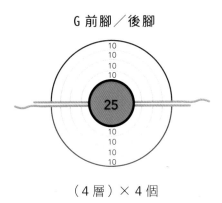

10
10
10
10
25
10
10
10
10

（4 層）× 4 個

H 後腳

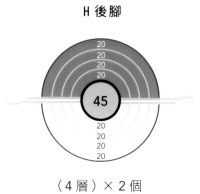

20
20
20
20
45
20
20
20
20

（4 層）× 2 個

材 料

身體	白色毛線 ○、深灰色毛線 ●
補毛	白色毛線 ○ 10cm × 20 條（前胸）
尾巴	深灰色毛線 ●
綁線	25cm × 10 條（20mm & 25mm 製球器用）
	30cm × 5 條（35mm & 45mm 製球器用）
	50cm × 7 條（65mm 製球器＆尾巴＆前胸用）
	80cm × 1 條（頭部＆身體組合用）
鋁線	25cm × 3 條（身體＆四肢）

★依【 P.64 －身體骨架組合 】方式完成身體。

角度示意

45 度

正面

側面

背面

頂部

⇨ 坐姿的組合。
⇨ 前胸長毛的補毛。
⇨ 雪納瑞短尾製作。

全身組合

作 法

1 用布偶縫針穿過頭部和身體做暫時固定和位置確認，依【P.68 －全身組裝技巧】完成接合。

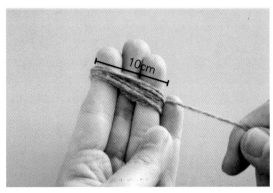

2 尾巴用毛線用三指捲繞 10 圈（也可以剪長 10cm 的紙板當模板）。

3 用綁線穿過，打 2 個單結。

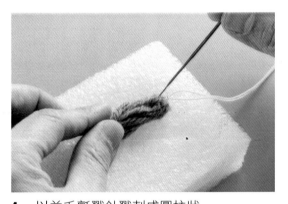

4 以羊毛氈戳針戳刺成圓柱狀

5 再用剪刀稍微修剪一下多餘的毛線。

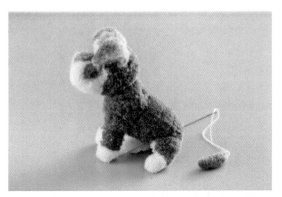

6 依【P.68 －全身組裝技巧】完成身體與頭部和尾巴的接合。

7 前胸毛線段均分成 2 份，將每條毛線逐一拆開，在線段中心位置用綁線打 2 個單結，然後將毛線對折。

8 利用寵物針梳，輕輕地在表面刷出蓬鬆的質感，效果更自然。

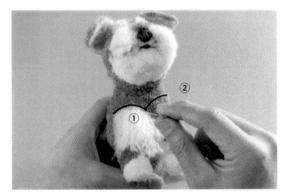

9 布偶縫針穿入補毛束①綁線，從前胸左側位置穿過身體後拉緊，打 2 個單結固定。

10 以羊毛氈戳針戳刺固定；重複步驟 9，完成補毛束②。

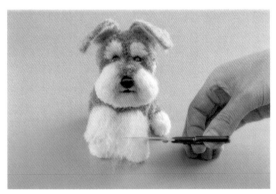

11 用剪刀修剪前胸植毛長度。

12 完成坐姿雪納瑞囉！

POND LIFE

GEOLOGY

PETIT ATLAS des CHAMPIGNONS

捲捲動物好朋友！

製球器的運用很多元，除了製作狗狗毛線球玩偶之外，也可以組合出各種喜歡的動物造型喔！以下分享 6 款以毛線球組合並修剪的可愛動物們，讀者不妨試著自己做做看唷！

企鵝

北極熊

熊大

熊貓

羊駝

刺蝟

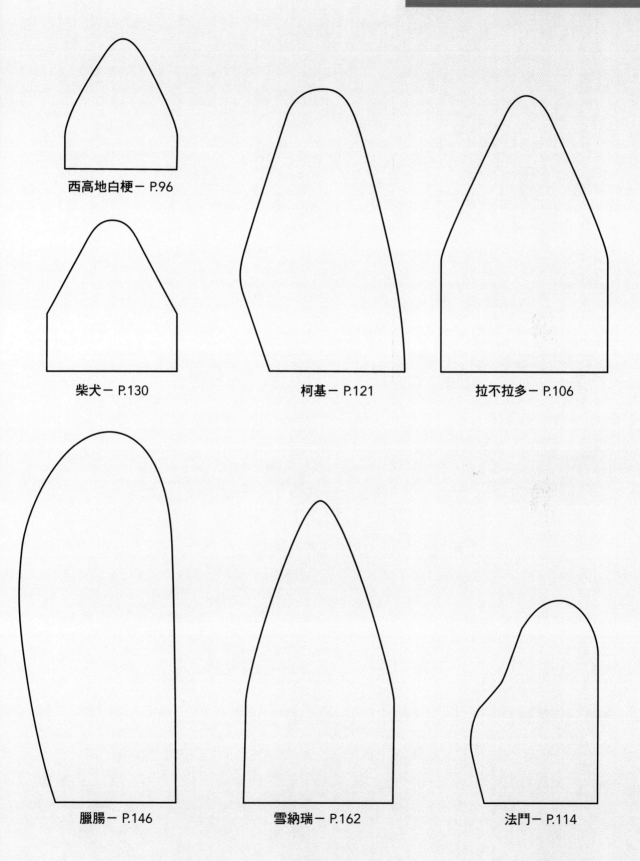

西高地白梗－ P.96

柴犬－ P.130

柯基－ P.121

拉不拉多－ P.106

臘腸－ P.146

雪納瑞－ P.162

法鬥－ P.114

捲捲毛線球‧汪星人報到！

一秒融化你的心～比熊、貴賓、柴犬、法鬥、馬爾濟斯…

作　者	黃嘉文
攝　影	璞真奕睿影像工作室
美術設計	徐小碧
社　長	張淑貞
總編輯	許貝羚
責任編輯	張淳盈
行　銷	陳佳安、蔡瑜珊

發行人	何飛鵬
事業群總經理	李淑霞
出　版	城邦文化事業股份有限公司　麥浩斯出版
地　址	104 台北市民生東路二段 141 號 8 樓
電　話	02-2500-7578
傳　真	02-2500-1915
購書專線	0800-020-299

發　行	英屬蓋曼群島商家庭傳媒股份有限公司城邦分公司
地　址	104 台北市民生東路二段 141 號 2 樓
電　話	02-2500-0888
讀者服務電話	0800-020-299（9:30AM~12:00PM；01:30PM~05:00PM）
讀者服務傳真	02-2517-0999
讀者服務信箱	csc@cite.com.tw
劃撥帳號	19833516
戶　名	英屬蓋曼群島商家庭傳媒股份有限公司城邦分公司

香港發行	城邦〈香港〉出版集團有限公司
地　址	香港灣仔駱克道 193 號東超商業中心 1
電　話	852-2508-6231
傳　真	852-2578-9337
Email	hkcite@biznetvigator.com

馬新發行	城邦〈馬新〉出版集團 Cite（M）Sdn Bhd
地　址	41, Jalan Radin Anum, Bandar Baru
	Sri Petaling,57000 Kuala Lumpur, Malaysia.
電　話	603-9057-8822
傳　真	603-9057-6622

製版印刷	凱林印刷事業股份有限公司
總經銷	聯合發行股份有限公司
地　址	新北市新店區寶橋路 235 巷 6 弄 6 號 2 樓
電　話	02-2917-8022
傳　真	02-2915-6275
版　次	初版 2 刷 2024 年 3 月
定　價	新台幣 480 元／港幣 160 元

Printed in Taiwan

國家圖書館出版品預行編目（CIP）資料

捲捲毛線球：汪星人報到！一秒融化你的心-
比熊、貴賓、柴犬、法鬥、馬爾濟斯… /
黃嘉文著. -- 初版. -- 臺北市：麥浩斯出版
：家庭傳媒城邦分公司發行, 2020.06

面；公分

ISBN 978-986-408-587-3（平裝）

1. 編織 2. 手工藝

426.4　　　　　　　　109002590